# ■コンピュータサイエンス教科書シリーズ **2**

# データ構造とアルゴリズム

博士（工学）　伊藤 大雄 著

## COMPUTER SCIENCE TEXTBOOK SERIES

コロナ社

コンピュータサイエンス教科書シリーズ編集委員会

編集委員長　曽和　将容（電気通信大学）

編 集 委 員　岩田　　彰（名古屋工業大学）

（五十音順）　富田　悦次（電気通信大学）

（2007 年 5 月現在）

# 刊行のことば

　インターネットやコンピュータなしでは一日も過ごせないサイバースペースの時代に突入している。また，日本の近隣諸国も IT 関連で急速に発展しつつあり，これらの人たちと手を携えて，つぎの時代を積極的に切り開く，本質を深く理解した人材を育てる必要に迫られている。一方では，少子化時代を迎え，大学などに入学する学生の気質も大きく変わりつつある。

　以上の状況にかんがみ，わかりやすくて体系化された，また質の高い IT 時代にふさわしい情報関連学科の教科書と，情報の専門家から見た文系や理工系学生を対象とした情報リテラシーの教科書を作ることを試みた。

　本シリーズはつぎのような編集方針によって作られている。

（1）　情報処理学会「コンピュータサイエンス教育カリキュラム」の報告，ACM Computing Curricula Recommendations を基本として，ネットワーク系の内容を充実し，現代にふさわしい内容にする。

（2）　大学理工系学部情報系の 2 年から 3 年の学生を中心にして，高専などの情報と名の付くすべての専門学科はもちろんのこと，工学系学科に学ぶ学生が理解できるような内容にする。

（3）　コンピュータサイエンスの教科書シリーズであることを意識して，全体のハーモニーを大切にするとともに，単独の教科書としても使える内容とする。

（4）　本シリーズでコンピュータサイエンスの教育を完遂できるようにする。ただし，巻数の制限から，プログラミング，データベース，ソフトウェア工学，画像情報処理，パターン認識，コンピュータグラフィックス，自然言語処理，論理設計，集積回路などの教科書を用意していない。これらはすでに出版されている他の著書を利用していただきたい。

ii　　刊　行　の　こ　と　ば

（5）　本シリーズのうち「情報リテラシー」はその役割にかんがみ，情報系
だけではなく文系，理工系など多様な専門の学生に，正しいコンピュー
タの知識を持ったうえでワープロなどのアプリケーションを使いこな
し，なおかつ，プログラミングをしながらアプリケーションを使いこな
せる学生を養成するための教科書として構成する。

本シリーズの執筆方針は以下のようである。

（1）　最近の学生の気質をかんがみ，わかりやすく，丁寧に，体系的に表現
する。ただし，内容のレベルを下げることはしない。

（2）　基本原理を中心に体系的に記述し，現実社会との関連を明らかにする
ことにも配慮する。

（3）　枝葉末節にとらわれてわかりにくくならないように考慮する。

（4）　例題とその解答を章内に入れることによって理解を助ける。

（5）　章末に演習問題を付けることによって理解を助ける。

本シリーズが，未来の情報社会を切り開いていけるたくましい学生を育てる
一助となることができれば幸いです。

2006 年 5 月

編集委員長　曽和　将容

# ま　え　が　き

　本書はデータ構造とアルゴリズムの重要部分について基礎から最新までを記した本である。対象は主に大学の学部 2〜3 年の講義を想定しているが，大学院でも使用できる進んだ内容も含んでいる。

　「データ構造とアルゴリズム」と題した書籍は数多く出版されており，それらの中には良書，好著が数多く含まれる[†1]。それらがあるにもかかわらず私が本書を記したのにはもちろん意味がある。「データ構造とアルゴリズム」の世界は日進月歩であり，つぎからつぎへと新しく重要な技術が生まれてくる。そしてそのうちのいくつかは基礎的な必須のアルゴリズムとして残っていく。そういったアルゴリズムの中で非常に重要であるにもかかわらず，なまじ先進的であるために基礎的記述が中心となる教科書にまったく出現しないものが少なからず存在する。それらを知るためには現状では原著論文か，せいぜい英語の専門書に当たるしかない。しかしわれわれ専門家は別として，学生や一般企業のエンジニアにとって，そういった文献に当たれといわれても難があるだろう[†2]。

　本書はそれらを解決することを主眼として書かれている。したがって，類書にはない，最先端のアルゴリズムを解説することに多くのページを割いている。最先端のアルゴリズムはもちろん比較的難解である。しかし前述のように本書の主対象者である学部生でも理解できるよう，極力平易な解説を試みた。それらを完全に理解するには相当な努力が必要とされるかもしれないが，主たる考え方を理解することはさほど難しくないと考えている。

　そして本書の最も重要な特長は，定数時間アルゴリズムの紹介に多くのペー

---

[†1] 参考文献リストに挙がっている教科書はどれもそうだが，数冊選ぶのなら，例えば文献 39), 43), 44), 50) などであろうか。

[†2] 実際，原著論文にはしばしば間違いが含まれており，その修復は専門家でないと無理であろう。

ジを割いていることである。**定数時間アルゴリズム**とは，入力のうちのほんの一部，定数個のデータだけを見て判定，計算するアルゴリズムの枠組みである。20 年ほど前に現れ，今世紀になって急激に発展した。当初はほぼ理論的興味だけで研究が行われてきたが，最近ビッグデータとの絡みで実用面での研究も行われている[†1]。いまや国際会議のメイントピックの一つとなっているが，それを解説する専門書は非常に少ない。まして日本語で解説したものはほとんどなく，あるのは筆者やその共同研究者の書いた短めの解説[47),48),65)] ぐらいで，これだけきちんと解説した日本語の教科書は初めてといってよかろう。定数時間アルゴリズムは 21 世紀のアルゴリズムの標準技術となることは間違いなく，これからアルゴリズムを学ぶ者はこの機会に是非とも学んでおいてほしい。

　本書で使用する変数や関数などの表記法（notation）について，その主なものを "記号表" という形で目次の後にまとめた。また，本書で使用する数学に関する基本的な用語および基本公式については，8 章に簡単にまとめたので，適宜必要に応じて参照してほしい。さらに，各章末に演習問題を，また必要に応じてプログラム演習を掲載したので，本書の理解の助けになるだろう[†2]。

　本書の使い方についての一例を記しておく。学部の基礎講義として用いる際には，前半で 1 章から 3 章「整列」までをまずしっかりと教え，その後理解度に応じて 4 章「集合に関する操作」と 5 章「平衡二分探索木」に進む。そして余裕があれば 6 章「古典的アルゴリズム」のうちの可能な項目を教えればよい。その際には，付録に回した部分はやるとしても紹介程度で，解説している時間はないであろう。もし通年で教える場合には，演習問題などをじっくりとやら

---

[†1] 例えば「JST CREST『ビッグデータ時代に向けた革新的アルゴリズム基盤』研究代表者：加藤直樹 関西学院大学教授」など。

[†2] 内容的にやや高度と思われる本書の一部（アステリスク（*）のある項タイトルの内容）を付録として Web ページに回した。また，本書各章末の演習問題の解答も併せてそちらに掲載しているので（プログラム演習の解答は掲載していない），コロナ社 Web ページの本書の紹介ページ

　　http://www.coronasha.co.jp/np/isbn/9784339027020/

を必要に応じて参照してほしい。なお，PDF データの入った Zip ファイルを展開する際のパスワードは以下のとおりである。

　DaTaAlG02702CoROnA

せ，付録の部分も解説することができると思う。その上で6章のすべてを教えられると思うが，さらに7章「定数時間アルゴリズム」もざっと教えられれば理想である。ただし，正則性補題はそれを理解するだけでも（一部の優秀な学生を除き）学部生には難しいので，証明は省いてアルゴリズムのみ説明することで十分である。

　大学院の講義に用いる場合には，前半で1章〜6章のトピックから選んで講義し，後半は7章を中心とするのがよい。付録に回した正則性補題の証明まできちんと理解させようとすると，実は7章全部で半期の講義にできるぐらいの内容はある。

　本書を執筆するにあたって多くの方に助けていただいた。電気通信大学名誉教授で先進アルゴリズム研究ステーション教授でもある富田悦次先生には，本書の執筆へお誘いいただいたのをはじめとして，さまざまな機会にご助言をいただき，大いに助けていただいた。ここに深く感謝したい。また，他の方々にもたいへんご多忙であるにもかかわらず拙著の原稿に目を通していただき，間違いのご指摘や改善案の提示などいろいろご教授いただいた。たいへんありがたく思い，深謝している。それは大阪府立大学の宇野裕之准教授，京都大学学術メディアセンターの宮崎修一准教授，国立情報学研究所の吉田悠一准教授，京都大学大学院情報学研究科の玉置卓助教である。それにもかかわらずまだ不完全な部分やもしかしたらまだ間違いも残っているかもしれない。しかしそれらの責任はすべて筆者である私にある。また，コロナ社には私の遅筆でたいへんご迷惑をおかけした。ここにお詫びを申し上げる。最後になったが，分野は違えどわが尊敬する学者であり，最愛の妻である，愛知県立大学日本文化学部国語国文学科教授の伸江に心から感謝の気持ちを表したい。ありがとう。

　本書が一人でも多くの方の助けとなることを祈りつつ筆を置くことにする。

2017年8月

伊藤　大雄

# 目　　　次

# *1*　は じ め に

1.1　アルゴリズムとデータ構造の重要性 ･･･････････････････････････ *1*

1.2　計算モデルと計算量 ･･････････････････････････････････････････ *4*

　1.2.1　問題と問題例 ････････････････････････････････････････ *4*

　1.2.2　計 算 機 モ デ ル ････････････････････････････････････ *4*

　1.2.3　アルゴリズムのオーダー表記 ･･････････････････････････ *5*

　1.2.4　指数関数と多項式関数の比較 ･･････････････････････････ *9*

　1.2.5　計算量とアルゴリズムの種類 ･････････････････････････ *10*

1.3　NP 完 全 性 ･･･････････････････････････････････････････････ *11*

　1.3.1　P　　と　　NP ･･････････････････････････････････ *11*

　1.3.2　NP の 定 義 ･･････････････････････････････････････ *13*

　1.3.3　多項式時間帰着と NP 完全 ･･･････････････････････････ *14*

演 習 問 題 ･････････････････････････････････････････････････････ *19*

# *2*　基本的データ構造

2.1　配　　　　　列 ･････････････････････････････････････････････ *20*

2.2　線形データ構造 ･････････････････････････････････････････････ *21*

　2.2.1　配列を使う方法 ･･････････････････････････････････････ *21*

　2.2.2　リ　ス　ト ････････････････････････････････････････ *22*

　2.2.3　ス　タ　ッ　ク ･･････････････････････････････････････ *24*

　2.2.4　キュー（待ち行列） ･･････････････････････････････････ *25*

2.3　　　木　　　 ･･･････････････････････････････････････････････ *26*

　2.3.1　一 般 的 木 構 造 ･･････････････････････････････････ *26*

　2.3.2　完 全 二 分 木 ･･････････････････････････････････････ *28*

*viii*　　　目　　　　　　　次

2.4　グ　ラ　フ……………………………………………………… *30*

　2.4.1　グラフの基本……………………………………………… *30*

　2.4.2　次数とカット……………………………………………… *31*

　2.4.3　部分グラフと路と連結性………………………………… *32*

　2.4.4　木と森とDAGと二部グラフと完全グラフ………………… *33*

　2.4.5　グラフのデータ構造……………………………………… *36*

　2.4.6　グラフの探索 ― 幅優先探索と深さ優先探索…………… *38*

演　習　問　題……………………………………………………… *40*

プログラム演習……………………………………………………… *41*


# $\boldsymbol{3}$　整　　　　　列

3.1　整列とはなにか………………………………………………… *42*

3.2　バブルソート…………………………………………………… *43*

　3.2.1　バブルソートのアルゴリズム…………………………… *43*

　3.2.2　バブルソートの計算時間………………………………… *44*

3.3　マージソート…………………………………………………… *45*

　3.3.1　マージソートのアルゴリズム…………………………… *45*

　3.3.2　マージソートの計算時間………………………………… *48*

3.4　クイックソート………………………………………………… *48*

　3.4.1　クイックソートのアルゴリズム………………………… *48*

　3.4.2　クイックソートの計算時間……………………………… *50*

3.5　バケットソート………………………………………………… *51*

　3.5.1　バケットソートのアルゴリズム………………………… *51*

　3.5.2　バケットソートの計算時間……………………………… *53*

3.6　基　数　ソ　ー　ト…………………………………………… *53*

　3.6.1　基数ソートのアルゴリズム……………………………… *53*

　3.6.2　基数ソートの計算時間…………………………………… *54*

| | | |
|---|---|---|
| 3.7 ヒープソート | ………………………………………………… | 54 |
| 3.7.1 ヒープとはなにか | ……………………………………… | 54 |
| 3.7.2 ヒープの構造 | ………………………………………… | 55 |
| 3.7.3 INSERT の方法 | ……………………………………… | 56 |
| 3.7.4 DELETEMIN の方法 | …………………………………… | 58 |
| 3.7.5 DELETE の方法 | ……………………………………… | 60 |
| 3.7.6 ヒープソートのアルゴリズム | ……………………………… | 61 |
| 3.7.7 ヒープの線形時間作成法 | …………………………………… | 62 |
| 3.8 整列計算時間の下界値 | ……………………………………… | 65 |
| 演習問題 | ……………………………………………………… | 66 |
| プログラム演習 | ………………………………………………… | 67 |

## $4$ 集合に関する操作

| | | |
|---|---|---|
| 4.1 主な操作とデータ構造 | ………………………………………… | 68 |
| 4.2 辞書 | ……………………………………………………… | 69 |
| 4.2.1 ハッシュ表 | …………………………………………… | 69 |
| 4.2.2 外部ハッシュ法 | ……………………………………… | 70 |
| 4.2.3 内部ハッシュ法 | ……………………………………… | 71 |
| 4.3 カッコウハッシュ | …………………………………………… | 72 |
| 4.3.1 カッコウハッシュとはなにか | ……………………………… | 72 |
| 4.3.2 カッコウハッシュの詳細 | …………………………………… | 73 |
| 4.3.3 格納列の閉路と単純格納列 | ………………………………… | 75 |
| 4.3.4 カッコウハッシュの解析* | ………………………………… | 77 |
| 4.4 ユニオン・ファインド | ……………………………………… | 78 |
| 4.4.1 問題設定 | ……………………………………………… | 78 |
| 4.4.2 配列による実現 | ……………………………………… | 78 |
| 4.4.3 ポインタでの実現 | …………………………………… | 79 |
| 4.4.4 木による実現 — ほぼ線形時間のユニオン・ファインド | ………… | 79 |
| 4.4.5 木構造上に限定された場合の線形時間ユニオン・ファインド | ……… | 83 |
| 演習問題 | ……………………………………………………… | 85 |

プログラム演習 ··················································································· *85*

# **5** 平衡二分探索木

5.1 平衡二分探索木の基本 ································································ *86*

    5.1.1 二 分 探 索 ································································· *86*

    5.1.2 二分探索木の構造と MEMBER ··································· *87*

    5.1.3 最大値・最小値の発見と整列 ··································· *90*

    5.1.4 データの挿入と削除 ··············································· *91*

    5.1.5 回 転 操 作 ····························································· *94*

5.2 二 色 木 ··············································································· *95*

    5.2.1 二色木の基本 ························································· *95*

    5.2.2 二色木における挿入 ··············································· *96*

    5.2.3 二色木における削除 ··············································· *98*

    5.2.4 二色木の合併と分割 ··············································· *101*

    5.2.5 別のデータの管理 ·················································· *104*

5.3 スプレー木 ··········································································· *107*

    5.3.1 オンラインアルゴリズムと動的最適性予想 ··············· *107*

    5.3.2 スプレー木のアルゴリズム ······································ *109*

    5.3.3 スプレー木の $O$ $(\log n)$ 競合化* ··························· *113*

5.4 タ ン ゴ 木 ··········································································· *113*

    5.4.1 タンゴ木の基本思想とインターリーブ限界 ··············· *113*

    5.4.2 タンゴ木の構造 ····················································· *117*

    5.4.3 補助木のつくり替え ··············································· *119*

    5.4.4 タンゴ木の計算時間の解析* ···································· *122*

演 習 問 題 ··················································································· *123*

プログラム演習 ··············································································· *123*

# **6** 古典的アルゴリズム

6.1 最 小 木 問 題 ································································· 124
 6.1.1 問 題 の 定 義 ······················································ 124
 6.1.2 貪欲算法とクラスカルのアルゴリズム ······························ 125
 6.1.3 クラスカルのアルゴリズムの正当性 ····························· 127

6.2 最 短 路 問 題 ································································· 131
 6.2.1 最短路問題とはなにか··············································· 131
 6.2.2 最短路の存在条件 ·················································· 132
 6.2.3 最 短 路 木 ························································ 134
 6.2.4 ダイクストラ法 ··················································· 137
 6.2.5 フロイド・ワーシャル法 ··········································· 144

6.3 彩 色 問 題 ··································································· 148
 6.3.1 平面グラフとその性質················································ 149
 6.3.2 グラフ彩色問題 ··················································· 153
 6.3.3 1, 2 彩 色 問 題 ················································ 155
 6.3.4 染色数とその上限 ·················································· 156
 6.3.5 四 色 定 理* ······················································ 157

演 習 問 題 ······································································ 157

# **7** 定数時間アルゴリズム

7.1 定数時間アルゴリズムとはなにか ········································· 158
 7.1.1 定数時間アルゴリズムの一般的枠組み ····························· 158
 7.1.2 性 質 検 査 ······················································ 159
 7.1.3 グラフの「性質」··················································· 160
 7.1.4 グラフ $G$ と性質 $P$ の距離········································· 161
 7.1.5 インスタンスの表現法··············································· 162
 7.1.6 検査アルゴリズムと検査可能性 ····································· 165

## 目 次

| 7.2 | 隣接行列モデル | 165 |

7.2.1 無三角性検査 ···················· 165

7.2.2 手続き TRIANGLEFREE の正当性の証明 ············ 168

7.2.3 一般化 — 無 $H$ 性とモノトーン性 ············ 169

7.3 次数制限モデル ···················· 172

7.3.1 次数制限モデルの基本 ············ 172

7.3.2 無三角性検査と無 $H$ 性検査 ············ 173

7.3.3 無閉路性検査 ···················· 175

7.3.4 マイナー閉鎖な性質と超有限性と分割定理 ············ 179

7.3.5 分 割 神 託 ···················· 182

7.3.6 無 $H$ マイナーなグラフの検査アルゴリズム ············ 188

演 習 問 題 ···················· 189

プログラム演習 ···················· 190

## *8* 数学用語の解説

8.1 基 本 用 語 ···················· 191

8.2 対応・関係・関数・順序 ···················· 193

8.3 基 本 公 式 ···················· 194

8.4 グラフマイナー ···················· 196

8.4.1 クラトウスキーの定理 ············ 196

8.4.2 グラフマイナー定理 ············ 198

8.5 正 則 性 補 題 ···················· 200

8.5.1 正則性補題とはなにか ············ 200

8.5.2 正則性補題の証明* ············ 202

演 習 問 題 ···················· 202

引用・参考文献 ···················· 203

索 引 ···················· 208

# 記　号　表

| | | |
|---|---|---|
| $\deg_G(v)$, $\deg(v)$ | 頂点 $v \in V[G]$ の次数 | p.31 |
| $E[G]$ | グラフ $G$ の辺集合 | p.30 |
| $E_G(U,W)$, $E(U,W)$ | $U$ と $W$ におのおの端点をもつ辺集合 | p.32 |
| $e_G(U,W)$, $e(U,W)$ | $\|E_G(U,W)\|$, $\|E(U,W)\|$ のこと | p.32 |
| $E_G(U)$, $E(U)$ | カット（$E_G(U,V-U)$, $E(U,V-U)$ のこと） | p.32 |
| $\mathrm{Ex}[X]$ | 確率変数 $X$ の期待値 | p.195 |
| $\mathrm{Pr}[*]$ | 事象の起きる確率 | p.195 |
| $P_T(v)$ | 根（$s$ とする）付き出木 $T$ の辺のみを使った $s$–$v$ 路 | p.136 |
| $G(W)$ | 頂点部分集合 $W$ によるグラフ $G$ の誘導部分グラフ | p.32 |
| $K_n$ | $n$ 頂点完全グラフ | p.35 |
| $K_{n_1,\dots,n_k}$ | $(n_1,\dots,n_k)$ 頂点完全 $k$ 部グラフ | p.36 |
| $\ln$, $\lg$, $\log$ | 前の二つは，前から順に底が $e$，2 の対数，最後のものは，底が略されている場合は，底が 2 の対数 | p.6, 7, 193 |
| $\exp(x)$ | 指数関数 $e^x$ | p.193 |
| $O(*)$ | 関数のオーダー表記 | p.5 |
| $o(*)$ | 関数のオーダー表記 | p.8 |
| $\omega(*)$ | 関数のオーダー表記 | p.8 |
| $\Omega(*)$ | 関数のオーダー表記 | p.8 |
| $V[G]$ | グラフ $G$ の頂点集合 | p.30 |
| $\chi(G)$ | グラフ $G$ の染色数 | p.156 |
| $\Delta(G)$ | グラフ $G$ の最大次数 | p.156 |
| $\Gamma_G(v)$, $\Gamma(v)$ | 頂点 $v \in V[G]$ の隣接点集合 | p.32 |
| $\Gamma_G^-(v)$, $\Gamma^-(v)$ | 頂点 $v \in V[G]$ に入る有向辺による隣接点集合 | p.32 |
| $\Gamma_G^+(v)$, $\Gamma^+(v)$ | 頂点 $v \in V[G]$ から出る有向辺による隣接点集合 | p.32 |

## xiv　　記　　号　　表

| | | |
|---|---|---|
| $\times$ | （集合の場合）直積，別名デカルト積 | p.193 |
| $\lfloor \cdot \rfloor$, $\lceil \cdot \rceil$ | 床関数，天井関数。それぞれ順に，それ以下の最大，あるいはそれ以上の最小の整数を対応付ける関数 | p.29, 30 |
| $\vee$ | 論理和 OR の意味。$\cup$ とも書く | p.12 |
| $\rightleftharpoons$ | データの中身を入れ替える操作 | p.43 |
| $\oplus$ | 二つの $n$ 頂点グラフに対する辺集合の対称差集合 | p.161 |
| $2^A$ | $A$ の冪集合 | p.192 |
| $\binom{n}{k}$ | $n$ 要素からなる集合から，異なる $k$ 個の要素を選び出す組合せの数（二項係数） | p.192 |
| $\rightarrow$ | 対応 | p.193 |
| $\preceq$ | 多項式時間帰着可能 | p.15 |
| $\preceq$ | 順序または半順序 | p.194 |
| $(A, \preceq)$ | $A$ は順序付き集合 | p.194 |
| $A(m, n)$ | アッカーマン関数 | p.80 |
| $\alpha(m, n)$ | アッカーマン関数の逆関数 | p.79, 80 |
| $e(A, B)$ | $AB$ 間の辺の本数 | p.200 |
| $d(A, B)$ | $(A, B)$ の密度 | p.201 |

# COMPUTER SCIENCE TEXTBOOK SERIES □

# C1 は じ め に

## 1.1 アルゴリズムとデータ構造の重要性

$n\ (>0)$ 人から成るグループにおいて，各人の 100 メートル走のタイムがわかっている。その情報を基に，いろいろな基準に従って $k\ (<n)$ 人のグループを選び出すことを考える。簡単のため，各人には 1 から $n$ までの ID（識別番号）が割り当てられていて，$i$ さんのタイムは $t_i$ だとする（**表 1.1** 参照）。

**表 1.1** 100 メートル走のタイムの表

| ID | 1 | 2 | 3 | 4 | 5 | 6 | 7 | $\cdots$ | $n$ |
|---|---|---|---|---|---|---|---|---|---|
| タイム〔秒〕 | 13.5 | 15.2 | 14.1 | 17.0 | 16.5 | 12.7 | 14.4 | $\cdots$ | 16.6 |

**問題 1** $k$ 人の平均タイムが最も早くなる様に選ぶ。

このとき誰でも考える当り前のやり方は，タイムの速い順から $k$ 人選ぶ方法で，実際これで目的は果たせる。最も速い人を一人選ぶのは全員のタイムを一通り眺めればわかる。2 番目，3 番目，$\cdots$，$k$ 番目も同じなので，計算の手間は大体 $kn$ に比例する時間になる。これを $O(kn)$ 時間と書くことにする（厳密な定義は **1.2.3 項** 参照）[†]。これはかなり大きな $n$ に対しても十分速い。

では今度はつぎの条件ではどうだろうか。

---

[†] あるいは全員をタイムの順に並べ替えるのは $O(n \log n)$ 時間でできるので（詳細は 3 章 参照），そうしておいて上から $k$ 人選ぶ方法をとれば $O(n \log n)$ 時間でできる。$k > \log n$ の場合はこちらのほうが有効である。

2    1. は じ め に

**問題 2**　$k$ 人のグループの平均タイムがグループ全体の平均タイムに最も近くなる（差の絶対値が最小になる）ように選ぶ。

　グループの平均タイム $\bar{t}$ は $n$ 個の数値を足して $n$ で割るだけなので，たかだか $n+1$ 回の演算で簡単に（すなわち $O(n)$ 時間で）求められる。しかし平均タイムが $\bar{t}$ に最も近いように $k$ 人選ぶのは簡単ではない。この場合，「$t_i$ が $\bar{t}$ に近い $k$ 人を選ぶ」というヒューリスティクスがまず思い付くが，これは最適になるとはかぎらない。

　例えば，表 1.1 が見えている 8 名だけのグループ（すなわち $n=8$）だったとする。このときの全体の平均タイムは 15.0 秒となる。$k=2$ だったとすると，平均タイムに近い二人は 2 番（15.2 秒）と 7 番（14.4 秒）だが，その平均は 14.8 秒である。しかし最適解は 1 番（13.5 秒）と 5 番（16.5 秒）の組で，平均はちょうど 15.0 秒に等しくなる。

　この問題を確実に解く方法はある。$k$ 人からなるすべての部分集合を列挙して，その一つ一つに対して平均タイムを計算して，比較し，$\bar{t}$ との差が最小のものを選ぶ方法である。これならば確実に目的のものが得られるが，$n$ 人から $k$ 人を選ぶ選び方は

$$\binom{n}{k} = \frac{n!}{(n-k)!k!}$$

通りあり，指数関数であるので，あまり大きくない $n$ と $k$ であっても非常に巨大になってしまい[†]，少し大きな $n$ と $k$ だと，この方法では，たとえ計算機を使っても解くことはできないだろう。

　ではつぎの問題はどうか。

**問題 3**　タイムのバラツキ，すなわち分散が最小になるように $k$ 人選ぶ。

　これも問題 2 のように部分集合を総列挙すればもちろん求められるが，この場合はもっとうまい方法がありそうだ。タイムが近いもの同士を組ませればよいは

---

† 例えば $n=40$，$k=10$ で $3.0 \times 10^{15}$（3 000 兆）以上。

## 1.1 アルゴリズムとデータ構造の重要性　　**3**

ずなので，全員をタイムの順で並べ替え，そこで連続する $k$ 人のグループのすべてに対して確かめればよい。並べ替えで $O(n \log n)$ 時間（詳しくは 3 章 参照），グループの数はたかだか $n-k+1$ なので，ナイーブにやっても $O(nk + n \log n)$ 時間[†1] で済む。これは問題 1 の解法とほとんど変わらない。

　上で見たように，三つの問題に対して，それぞれいろいろな解法があった。これらが「**アルゴリズム（algorithm）**」である。アルゴリズムの定義は「与えられた問題を解くための，機械的操作からなる有限の手続き」などとされる。しかしそういわれてもよくわからない読者も多いであろう。具体的に問題とアルゴリズムのペアをいくつも見ていくことによって，その概念を体得していくのが一番である。

　アルゴリズムにはよし悪しがある。それを測る物差しはいろいろあるが，最も標準的なのは「**計算時間**」である。それはすなわち，上でときどき述べていた「計算時間が $O(*)$」というもののことである。この関数の増加率が少ないものほど，よいとされる[†2]。

　例えば問題 3 の解法として，問題 2 のように指数関数的に時間のかかるアルゴリズムをつくってしまうと，ごく小さい $n$ と $k$ の場合は別として，ほとんど役に立たない[†3]。もし君がシステムエンジニアでそんなプログラムをつくったとしたら，会社の業務は進まず，君は早晩クビになるだろう。しかし少し工夫すれば，問題 1 を解くのとあまり変わらない計算時間でできることになり，会社も繁栄し，君のボーナスも増えるかもしれない。

　これがアルゴリズムの重要性である。

　アルゴリズムをプログラム上で実現するにはデータ構造が重要である。データ構造とはデータを表現する方法であり，それが適切かどうかでアルゴリズムの性能が大きく変わる。データ構造の重要性を説明するには，もう少し突っ込

---

†1　この意味は，$nk$ と $n \log n$ のうち大きいほうに比例する時間がかかる，ということ。詳しくは 1.2.3 項 参照。

†2　データ量が増えても計算時間が爆発しにくいからである。

†3　一時的に使うだけで，しかもごく小さい $n$ と $k$ に対してだけしか使用しないとわかっている場合は，サッと書けるのでこういうナイーブなアルゴリズムもあり得る。

4    1. は　じ　め　に

んだ知識が必要となるので，ここでは述べないが，例えば上のアルゴリズムの
計算時間が $O(kn)$ 時間などと述べたが，データ構造が不適切だとその性能は出
ない場合がある。

## 1.2　計算モデルと計算量

アルゴリズムと計算時間を理論的に扱うためには，厳密なモデル化が必要と
なる。

### 1.2.1　問題と問題例

上でも「問題 1」などのように「問題」を扱ったが，アルゴリズムと計算量
の理論研究の分野で扱う**問題**（problem）とは，通常無限個の**問題例**（problem
instance）から成っている。例えばつぎの問題を考える。

**分 割 問 題**
**入力**　$n$ 個の整数 $a_1, \ldots, a_n$
**要請**　$a_1, \ldots, a_n$ を総和が等しい二つの部分に分けられる（すなわち $\displaystyle\sum_{i \in B} a_i = \sum_{i \notin B} a_i$ である $B \subseteq \{1, \ldots, n\}$ が存在する）か否かを判定せよ。

この問題において，$n$ や $a_1, \ldots, a_n$ を具体的な数値として与えたものを問題
例と呼ぶ。問題はこうした問題例が無限個集まったものとして定義される（演
習問題【1】（p.19）参照）。

### 1.2.2　計算機モデル

**計算機モデル**は基本的に RAM（random access machine，ランダムアクセ
スマシン）と呼ばれる，「ランダムアクセス記憶をもつ，逐次型計算機」を想定
する。理論的に扱いやすくするために，以下の仮定を用いる。

- メモリの 1 セルとレジスタには，任意に大きい数を格納できる。

- 各命令（四則演算・比較・メモリ1セル分のアクセスなど）は単位時間で実行できる。

- メモリのセル数は無限

これはすなわち実在のコンピュータの理論抽象化である。アルゴリズムの計算時間は，この計算機における計算時間，すなわち命令が実行された数（計算ステップ数）で評価される。

### 1.2.3 アルゴリズムのオーダー表記

（1）ビッグオー表記の定義　　アルゴリズムの計算時間（計算ステップ数）は入力の大きさとの関連下で評価されなければならない。すなわち，問題例の入力に必要なデータ量 $n$ の関数 $T(n)$ として，アルゴリズムの計算時間を表す。

ただし，その計算時間をあまり細かく算出しても意味はない。プログラムの組み方によって，定数ステップ程度の違いは出てくるし，それらは当然本質的ではない。そのため，アルゴリズムの計算時間を評価する際には前述の $O(n \log n)$ などという表記を用いるのが普通である。このような表記を「オーダー表記」あるいは「ビッグオー表記」などという。ここで，この表記について正確に定義を与えておく。なお，多くのアルゴリズム開発者にとっては，ここで記する正確な定義は覚えておく必要はなく，その後で述べる「大まかなやり方」を知っておけば十分である。

---

● **定義 1.1**　　二つの関数 $f(n)$，$g(n)$ について $f(n) = O(g(n))$ であるとは，ある整数 $m > 0$ と実数 $c > 0$ が存在して，任意の $n \geq m$ に対して $f(n) \leq cg(n)$ となることである。

---

この定義に従って $f(n) = 3n^3 + 10n^2 + 5n \lg n - 30n + 100 = O(n^3)$ であることを確かめてみよう。例えば，100以上の $n$ に対して明らかに $f(n) \leq 100n^3$ であるので，$m = 100$，$c = 100$ とすれば，定義 1.1 の条件を満たすので，

**6**　　1. は　じ　め　に

$f(n) = O(n^3)$ である[†]。

　一方，同じ $f(n)$ に対して $f(n) \neq O(n^2)$ であることも簡単に確かめられる。それは，たとえ $c$ をどんなに大きな正の数としても，$n \geq \max\{c, 10\}$ の場合に明らかに $f(n) > 3n^3 > cn^2$ となってしまうため，定義 1.1 の条件を満たすような $m$ と $c$ の組は存在しないからである。

　**（2）　大まかなやり方**　　ビッグオー表記の定義は定義 1.1 に示したが，理論研究者でないかぎり，この定義を認識している必要はあまりない。アルゴリズムの計算量を表現したいだけなら，つぎのやり方を知っていれば十分である。

　**関数 $f(n)$ をビッグオー表記に変換する手順：**

　1)　係数がマイナスの項は無視する。

　2)　関数の項の中から，$n$ を大きくしたときに，一番大きくなる項だけ取り出す。

　3)　その係数を無視する（係数が 1 と考える）。

　4)　それを $O(\ \ )$ で囲む。

これで終わりである。

　例えば $f(n) = 3n^3 + 10n^2 + 5n \lg n - 30n + 100$ をこの方法で変換してみよう。この関数には $3n^3$, $10n^2$, $5n \lg n$, $-30n$, $100$ の五つの項があるが，まず係数がマイナスの $-30n$ は無視し，残りの四つの中で $n$ を大きくしたときに一番大きくなる項はもちろん $3n^3$ である。そしてその係数を無視して $n^3$ とし，それを $O(\ \ )$ で囲めば

$$f(n) = 3n^3 + 10n^2 + 5n \lg n - 30n + 100 = O(n^3)$$

となる。

　**（3）　ビッグオー表記の注意事項**　　$f(n) = O(g(n))$ の直感的な意味は，定数倍の違いを無視すれば，ある程度大きい $n$ に関しては $f(n)$ は $g(n)$ で抑えられる，ということである。

---

　†　実際はもっと小さな $m$ と $c$ で成立するが，条件を満たす $m$ と $c$ の存在を示せばよいので，思い切って大きくとるのがわかりやすい。

つまり，$O(*)$ 表記は，上界を示している。したがってこの定義から，$3n+5 = O(n^{100})$ などと書いても間違いではない。ただし，こういう記述は荒すぎてあまり役に立たないことが多い[†1]。やはりこの場合は $3n+5 = O(n)$ と書いておくほうが情報がより正確で役に立つ。

また，オーダー表記では等号を用いているが，これは普通の意味での等号とは異なっていることに注意されたい。つまり，$3n+5 = O(n)$ と書いたとしても，この等号の左辺と右辺が等しいといっているわけではない。実際

両辺を入れ替えて $O(n) = 3n+5$ などという記述はしてはいけ
ない。

その理由は，もしこれを許すと，$2n = O(n)$ も正しいのだから，$2n = O(n) = 3n+5$ となり，$2n = 3n+5$ が得られてしまう。これは明らかにおかしい。

つまり $f(n) = O(g(n))$ と書いた場合は，左辺と右辺の役割が違う。例えば右辺を関数の集合と考えるのなら，$f(n) \in O(g(n))$ と表記できるし，こちらのほうが数学的な意味としては正確だろう。しかし少なくとも理論計算機科学においては**伝統的に等号を使う習慣**なので，それに従うのが現時点では正しいやり方である[†2]。

ビッグオー表記においてはつぎの演算が成立する。

$$O(f(n)) + O(g(n)) = O(f(n) + g(n)) = O(\max\{f(n), g(n)\}) \quad (1.1)$$

$$O(f(n)) \cdot O(g(n)) = O(f(n) \cdot g(n)) \quad (1.2)$$

なお，ビッグオー表記の定義から，対数関数の底は 1 より大きい数ならばなにを用いても同じである。したがって ln や lg ではなく，log を使うのが普通である。

**( 4 ) 関 連 記 号** ビッグオー以外にも類似の記号がいろいろある。これらの定義もまとめておく。本書でもこれらを使用する。

---

[†1] 例えば，太郎君の身長は 10 m 以下である，といわれてもなんの情報も得られないであろう。

[†2] 天才が現れて，「この表記は変えるべきだ」と主張すれば変わるかもしれないが。

*8*　　1.　は　じ　め　に

まず，$O$ は上界の意味だったが，逆に下界を表すのが $\Omega$ である。$f(n) = \Omega(g(n))$ と書くと，十分大きな $n$ に関しては，$f(n)$ は定数倍を無視すれば $g(n)$ 以上であることを意味する。その定義の仕方はいろいろあるが，つぎの定義が最もシンプルであると思う。

$$f(n) = \Omega(g(n)) \Leftrightarrow g(n) = O(f(n))$$

上界と下界が一致する場合には $\Theta$ を用いる。

$$f(n) = \Theta(g(n)) \Leftrightarrow (f(n) = O(g(n)) \text{ かつ } f(n) = \Omega(g(n)))$$

$f(n) = O(g(n))$ であって，しかも $f(n)$ は $g(n)$ よりも真に小さいとき，$o$ を用いる。正確な定義は以下のとおりである。

---

● **定義 1.2**　　二つの関数 $f(n)$, $g(n)$ について $f(n) = o(g(n))$ であるとは，任意の実数 $c > 0$ に対して，ある整数 $m_c > 0$ が存在して，任意の $n \geq m_c$ に対して $f(n) < cg(n)$ となることである。

---

読み方としては「スモールオーの $g(n)$)」あるいは「スモールオーダー $g(n)$)」などがある。これは以下の意味だと思っておけば「ほぼ」正しい[†]。

$f(n) = o(g(n))$ とは「$f(n) = O(g(n))$ かつ $f(n) \neq \Omega(g(n))$」の
ことである。

例えば $n^2 = O(n^3)$ であり，$n^2 = o(n^3)$ でもある。そして $n^2 = O(n^2)$ ではあるが，$n^2 \neq o(n^2)$ である。

$\Omega$ についても同様の記号がある。

$$f(n) = \omega(g(n)) \Leftrightarrow g(n) = o(f(n))$$

その他にも，論文などではつぎのような表現もしばしば見られる。なお，$\mathrm{poly}(n)$ は $n$ の多項式を表す。

$$f(n) = \tilde{O}(g(n)) \Leftrightarrow \exists \mathrm{poly}, f(n) = O(g(n) \cdot \mathrm{poly}(\log n))$$
$$f(n) = O^*(g(n)) \Leftrightarrow \exists \mathrm{poly}, f(n) = O(g(n) \cdot \mathrm{poly}(n))$$

---

[†]　通常使う関数の間では，問題なく成立しているが，そうでない関数の対は存在する。

$\tilde{O}$ は「$\log n$ の多項式[†1] 程度は無視する」ということであり，「スマートオーダーの $g(n)$」などと読むこともある。$O^*$ は「多項式程度は無視する」ということである。したがって，$O^*(g(n))$ と書いた場合，$g(n)$ は必然的に指数関数のような，多項式より大きい関数でなければ意味がない。これは，近年「指数時間アルゴリズムの底をなるべく小さくしよう」という研究も盛んであり，その場合には多項式の部分は指数に比べれば無視できるので，使われるようになった記号である。

### 1.2.4 指数関数と多項式関数の比較

**1.1 節**において計算時間が多項式関数か指数関数かで本質的な違いがあるということを述べたが，そのことを確かめてみよう。計算量 $T(n)$ がおのおの $n$，$n^3$，$2^n$，$n!$ の4種類のものについて，1ステップの計算が $10^{-20}$ 秒でできる[†2]と仮定した場合に，$n$ を増やした場合の計算時間を**表 1.2** にまとめた。計算時

表 1.2　計算時間の増加の違い

| $n \setminus T(n)$ | $n$ | $n^3$ | $2^n$ | $n!$ |
|---|---|---|---|---|
| 10 | $10^{-19}$ | $10^{-17}$ | $10^{-17}$ | $3.6 \times 10^{-14}$ |
| 20 | $2 \times 10^{-19}$ | $8 \times 10^{-17}$ | $1.0 \times 10^{-14}$ | 0.024 |
| 30 | $3 \times 10^{-19}$ | $2.7 \times 10^{-16}$ | $1.0 \times 10^{-11}$ | 8 万 4000 年 |
| 40 | $4 \times 10^{-19}$ | $5.4 \times 10^{-16}$ | $1.1 \times 10^{-8}$ | $2.6 \times 10^{20}$ 年 |
| 50 | $5 \times 10^{-19}$ | $1.3 \times 10^{-15}$ | $1.1 \times 10^{-5}$ | — |
| 70 | $7 \times 10^{-19}$ | $3.4 \times 10^{-15}$ | 12 | — |
| 100 | $10^{-18}$ | $1 \times 10^{-14}$ | 400 年 | — |
| 150 | $1.5 \times 10^{-18}$ | $3.4 \times 10^{-14}$ | $4.5 \times 10^{17}$ 年 | — |
| 200 | $2 \times 10^{-18}$ | $8 \times 10^{-14}$ | — | — |
| 1000 | $10^{-17}$ | $1 \times 10^{-11}$ | — | — |
| 1 万 | $10^{-16}$ | $1 \times 10^{-8}$ | — | — |
| 10 万 | $10^{-15}$ | $1 \times 10^{-5}$ | — | — |
| 100 万 | $10^{-14}$ | 0.01 | — | — |
| 1000 万 | $10^{-13}$ | 10 | — | — |
| 1 億 | $10^{-12}$ | 2.7 時間 | — | — |

---

†1　これを「ポリログ（polylog）」ということもある。
†2　京コンピュータは1ステップの計算に要する時間は約 $10^{-16}$ 秒とされている。

10    1. は　じ　め　に

間において単位が書いていないところの単位は秒である。あまりにも膨大であるため意味のない数値である部分は「—」が記入してある。

この表で見られるように，多項式である $n$ や $n^3$ と指数関数である $2^n$ や $n!$ とでははっきりとした違いがある。指数関数は $n$ の値がある程度増加したところで，値が爆発的に増加するため，指数関数の計算時間のアルゴリズムは計算機の計算速度の改善ではまったく対応できないだろうことも理解できるであろう。

### 1.2.5　計算量とアルゴリズムの種類

（**1**）　**計算量の種類**　　アルゴリズムの計算時間を理論的に評価する場合には**計算量**（computational complexity）[†] という表現を用いることが多い。計算量はこれまで説明してきたような計算時間を評価する**時間計算量**（time complexity）以外にも，使用するメモリの最大量を評価する**領域量**（space complexity）という概念もある。

それぞれに対して，入力の中で最も大きい（悪い）計算量を評価する**最悪計算量**（worst case complexity）と，平均的な計算時間を評価する**平均計算量**（average complexity）の両者がある。

本書では主に最悪の時間計算量について扱うが，平均の時間計算量もときどき扱う。

（**2**）　**決定性アルゴリズムと乱択アルゴリズム**　　乱数を使用できるか否かでアルゴリズムの性能は大きく異なる場合がある。古典的なアルゴリズムの概念では，乱数は使用できなかった。その理由の一つとして，真の意味での乱数の発生方法をわれわれは知らないということがあるだろう。しかし現実に計算機ではランダム（に見える）選択をしばしば行っている。これは擬似乱数を使用している。擬似乱数は数学的な意味での乱数ではないが，乱数にきわめて似た振舞いをするもので，実用上はこれで問題ない。

乱数を使用するアルゴリズムを**乱択アルゴリズム**（randomized algorithm）

---

†　計算複雑さともいう。

と呼ぶ[†1]。アルゴリズム研究において，最近は乱数の使用が普通に行われるようになってきている[†2]。乱数を使用することによって，計算時間が改善されたり，アルゴリズムがシンプルになったりすることがしばしばある。しかし指数時間アルゴリズムが多項式時間アルゴリズムになるなどの本質的な改善が見られることはほとんどない。実際，「多項式時間で計算できるか否かという意味では乱数の使用は関係ない」という予想がされている。

本書では 7 章「定数時間アルゴリズム」で乱択アルゴリズムを扱っている。乱択アルゴリズムについてさらに広く知りたい読者は文献 59) がよい教科書である。

## 1.3 NP 完 全 性

### 1.3.1 P と NP

多項式時間アルゴリズムが存在するかしないかは重要な問題であるが，一般に，それを判定するうまい方法は見つかっていない。それどころか，「多項式時間アルゴリズムが見つかっていないが，それが存在しないことの証明もされていない」という問題が実に沢山存在する。

そういった「多項式時間アルゴリズムが見つかっていない問題」のうちで，「多項式時間アルゴリズムは存在しないだろうとほとんどの学者が考えている問題」のクラスが存在する。それの代表的なものが NP 完全[†3] である。

---

● **定義 1.3**　その問題を解く多項式時間アルゴリズムが存在する問題の集合を P という。

---

[†1] この「乱択」という訳語の起こりは，東工大の渡辺治教授が講義で募集して決めたものらしい（渡辺教授に確認）。それにしても見事な訳語だと思う。

[†2] 実際，アルゴリズム理論の論文では，一昔前では，乱択アルゴリズムを使用している場合には「概要」で必ずそう断ったものだが，最近はそういう断りはあまり見られなくなった。

[†3] NP は non–deterministic polynomial の略である。

12    1. は じ め に

P に属する問題は多数存在する。本書の 6 章で紹介する問題の多くは P に属する。一方で P には多分属さないだろうと考えられている問題もある。例えば前述の分割問題もその一つであり，その他にもつぎの問題がある。

**充足可能性問題**（satisfiability，**SAT**）

**入力**　$n$ 個の論理変数 $x_1, \ldots, x_n$ からなる $m$ 個の節

$s_1 = (u_{1,1} \vee \cdots \vee u_{1,p_1}), \ldots, s_m = (u_{m,1} \vee \cdots \vee u_{m,p_m})$

ただし各 $u_{j,k}$ はリテラル（論理変数の肯定または否定）。

**質問**　すべての節を同時に充足する（値を 1 にする）論理変数値の割当ては存在するか？

充足可能性問題の例としては，例えば $s_1 = (x_1 \vee x_2)$, $s_2 = (\overline{x_1} \vee x_3)$, $s_3 = (\overline{x_2} \vee \overline{x_3})$, $s_4 = (\overline{x_1} \vee \vee x_2 \vee x_3)$ という問題例を考えると，$(x_1, x_2, x_3) = (0, 1, 0)$ とすればすべての節が充足するので答えは "Yes" である。

分割問題のナイーブなアルゴリズムとしては，$\{1, \ldots, n\}$ のすべての部分集合を列挙して確認する方法があるが，部分集合数が $2^n$ 個存在するので，これは指数時間アルゴリズムとなる。充足可能性問題についても，すべての変数割当ての可能性を考えれば解くことができるが，これも指数時間かかる。これらの問題に対して多項式時間アルゴリズムは見つかっていない。

ただ，この両者の問題には共通した特徴がある。それは

　　　　もし解が Yes の場合には，そのことを示す簡単な（すなわち多項式
　　　　長の）「証拠」が存在する

ということである。

分割問題は，もし解が Yes の場合，その分割の方法が示されれば，解が Yes であることは簡単に確かめることができる。充足可能性問題でも，充足するような論理変数への解の割当て方を示されれば，それが充足することを確かめるのは容易である。このように，解が Yes である場合に簡単な証拠が存在するような類の問題はたいへん多い。このような問題のクラスを **NP** という。

## 1.3.2 NP の 定 義

クラス NP の正確な定義は以下のとおりである。

---

● 定義 1.4 　　問題 $A$ が Yes か No かで答える問題で，入力の多項式時間で動作するアルゴリズム $\mathrm{Proc}_A$ と多項式関数 $f_A$ が存在し，以下の条件を満たすものの集合を NP と呼ぶ。

　　　　条件：$A$ の任意の問題例 $I$（それを表現するデータの長さを $n$ とする）が与えられたとき，以下のように動作する。

- $I$ の解が Yes であるときは，長さ $f_A(n)$ 以下の文字列（証拠）$J_I$ が存在し，$I$ と $J_I$ を入力としたときアルゴリズム $\mathrm{Proc}_A$ は Yes を出力する。
- $I$ の解が No であるときは，長さ $f_A(n)$ 以下の任意の文字列 $J$ に対し，$I$ と $J$ を入力としたときアルゴリズム $\mathrm{Proc}_A$ は No を出力する。

問題 $A$ が NP に属するとき，簡単に「問題 $A$ は NP である」などとも言う。

---

この定義における $J_I$ が，先に述べた「証拠」である。ここで定義したように，その証拠 $J_I$ の長さは $I$ の長さ $n$ の多項式長になっていなければならない。ただし，$J_I$ が多項式時間で見つけられる必要はない。もし，この $J_I$ が（存在するならばつねに）多項式時間で見つけられるようなら，それと $\mathrm{Proc}_A$ を組み合わせることで，この問題を解く多項式時間を得ることになり，その問題は P であることになる。

★ 例 1.1 ★ 　　先に定義した充足可能性問題（SAT）が NP に属することを，定義 1.4 に従って判定してみよう。

SAT の問題例 $I = \phi(x)$，$x = (x_1, \ldots, x_n)$ が与えられたとする。もし $I$ に対する解が Yes であるならば，$\phi(x) = 1$ となる $x$ の値 $x^* = (x_1^*, \ldots, x_n^*)$，

14    1. は じ め に

$x_i^* \in \{0, 1\}$ が存在する。この解を表す $n$ 次元ベクトル $x^*$ を $J_I$ とすること
ができる。「$I = \phi(x)$ とそれを充足させる変数のベクトル $J_I = x^*$ の組が与
えられれば，$\phi(x^*) = 1$ となることを確かめる」ことができるアルゴリズムは
容易に構築できる（$\phi(x^*)$ の値を計算するだけだから）。したがって，そのア
ルゴリズムが定義 1.4 で述べるところの $\mathrm{Proc}_A$ に相当する。$x^*$ の長さは $n$
であり，もちろん入力長の多項式（線形関数）$f_A(n) = n$ で抑えられる。一
方 $I$ に対する解が No である場合は，このアルゴリズムにどんな $x$ を与えて
も充足させることはできず，つねに No を出力する。よって SAT は定義 1.4
の条件を満たし，NP に属することがわかる。

実用上の多くの問題が NP に属することがわかっている。しかしその一方で，
多くの NP の問題に対し，多項式時間アルゴリズムが見つかっていない。そし
て，それらに対して多項式時間アルゴリズムが存在しないことの証明はされて
いない。

### 1.3.3　多項式時間帰着と NP 完全

Yes か No かで答えられる問題のことを**決定問題**（decision problem）と呼
ぶ。以下この節では，クラス P を決定問題にのみ限定して考えることにする。
すると定義から P に属する問題は NP にも属する[†]。すなわち P $\subseteq$ NP は明ら
かである。しかし P $=$ NP なのか，それとも NP の中に P でない問題があるか
はわかっていない。

実はこれはクレイ数学研究所が 21 世紀に入るときに提示した，ミレニアム数
学 7 大未解決問題の一つで，1 問につき，100 万ドルの懸賞金がかかっている。

P $=$ NP ならば，NP に属するどの問題に対しても多項式時間アルゴリズム
が存在することになるが，あまりにも多くの NP に属する問題について多項式
時間アルゴリズムが見つかっていないので，多くの学者は P $\neq$ NP と予想して
いる。P $\neq$ NP を証明するためには，NP に属するなにか一つの問題が多項式

---

† 「証拠」なし，つまり長さ 0 の証拠でアルゴリズム $\mathrm{Proc}_A$ は正常に動作する。

時間で解けないことを示せばよい。しかし多項式時間で解けないことの証明は
ある種の「不可能性証明」問題なので，一般に難しい[†]。

　しかし NP の中で最も難しい問題，すなわち

　　　「その問題がもし多項式時間で解けるならば，NP に属するすべて

　　　の問題が多項式時間で解ける」

という問題は見つかっている。そういった問題の集合を **NP 完全**（NP–complete）
という。

　NP 完全の正確な定義は後述するが，上記の分割問題や充足可能性問題は NP
完全である。そして問題が NP 完全であることを証明するのは，比較的簡単で
あることが多い。上に述べたように多くの学者は P≠NP と予測しているので，
問題が NP 完全であることを証明すれば，その問題が難しい（P ではない）こ
との強力な状況証拠となる。

　問題が NP 完全であることの証明法は，証明したい問題に仮に多項式時間ア
ルゴリズムが存在すると仮定して，そのアルゴリズムを利用すれば，すでに NP
完全であることがわかっているある問題も多項式時間で解けてしまうことを示
せばよい。具体的には以下の技法が有効である。

---

● **定義 1.5**　　問題 $A$ と問題 $B$ に対し多項式時間アルゴリズム $\mathrm{Proc}_{A,B}$
が存在し，$A$ の任意の問題例 $I_A$ に対し，$\mathrm{Proc}_{A,B}$ の入力 $I_A$ による出力
$I_B = \mathrm{Proc}_{A,B}(I_A)$ が問題 $B$ の問題例であり，$I_A$ の解が Yes であるなら
ば $I_B$ の解も Yes であり，$I_A$ の解が No であるならば $I_B$ の解も No であ
るようなとき，問題 $A$ は問題 $B$ へ**多項式時間帰着可能**（polynomial–time
reducible）であるといい，$A \preceq_P B$ と表現する。

---

　[†]　「可能」であることは，その方法を示すという証明法があるが，「不可能」であることを
　　　示すには，さらに上位の論理が必要となる場合が多い。例えば，ギリシャの3大作図
　　　不可能性問題（円積問題，方積問題，角三等分問題）は，5次方程式の解の公式の不存
　　　在性を使って証明されたし，フェルマーの最終定理などは，その証明に多くの天才の努
　　　力と長い時間を必要とした。不可能性を示す代表的な技法として，整数集合と実数集合
　　　の間に一対一対応が付けられないことを証明したカントールの「対角線論法」がある。

16    1. は じ め に

例で見てみよう。つぎの問題を考える。

**単純ナップザック問題**（simple knapsack）

**入力**　$n$ 個の正整数 $a_1, \ldots, a_n$ と整数 $b$

**質問**　$B \subseteq \{1, \ldots, n\}$ で，つぎの式を満たすものは存在するか？

$$\sum_{i \in B} a_i = b$$

**命題 1.1** 分割問題は単純ナップザック問題に多項式時間帰着可能である。

[証明]　　分割問題の任意の問題例を $(a_1, \ldots, a_n)$ とするとき，以下のアルゴリズムを考える。

まず $s = a_1 + \cdots + a_n$ を計算する。そして

- $s$ が奇数のとき：明らかにその解は No なので，解が No となる単純ナップザック問題の問題例 $(a_1 = 2, b = 1)$ を出力する。
- $s$ が偶数のとき：$b = s/2$ として単純ナップザック問題の問題例 $(a_1, \ldots, a_n, b)$ を出力する。

すると，明らかに $(a_1, \ldots, a_n)$ の解が Yes ならば $(a_1, \ldots, a_n, b)$ の解も Yes であり，その逆も成立する。このアルゴリズムは明らかに多項式時間で終了するので，これを定義 1.5 における $\text{Proc}_{A,B}$ とすることができ，多項式時間帰着可能であることが証明できた。　　　　　　　　　　　　　　　　　　　　　　　　　　　　　　　　　□

多項式時間帰着可能性の意味は，もし $A \preceq_P B$ であるならば，$A$ の問題例を $B$ の問題例に変換して，それを解くことで $A$ の解が得られる，ことを意味している。したがって，さらにここで $B$ を解くのに使うアルゴリズムが多項式時間ならば，このアルゴリズム全体も多項式時間で済むので，$A$ にも多項式時間アルゴリズムが存在することになる。このことをつぎの補題で示す。

○**補題 1.1**　　二つの問題 $A$ と $B$ に対し，$A \preceq_P B$ かつ $B \in P$ ならば，$A \in P$ である。

[証明]　　$A$ の任意の問題例を $I_A$ とする。$A \preceq_P B$ より，$\Pi$ を $B$ の問題例に変換する多項式時間アルゴリズム $\text{Proc}_{A,B}$ が存在する。$I_A$ を $\text{Proc}_{A,B}$ によって変換したものを $I_B$ とする。$B \in P$ より，$B$ を解く多項式時間アルゴリ

ズム $\text{Proc}_B$ が存在する。$\text{Proc}_{A,B}$ と $\text{Proc}_B$ の計算時間の上限を表す多項式関数を $f_{A,B}$, $f_B$ とする。

$I_A$ と $I_B$ の Yes, No が一致するので，$\text{Proc}_B$ に $I_B$ を入力として実行することで，$I_A$ の解を得ることができる。$I_A$ のサイズを $n$ とすると，$I_B$ のサイズはたかだか $f_{A,B}(n)$ である。したがって，$\text{Proc}_B$ に $I_B$ を入力した場合の実行時間はたかだか $f_B(f_{A,B}(n))$ 時間である。$f_{A,B}$ と $f_B$ が共に多項式関数なので，$f_B(f_{A,B}(n))$ も $n$ の多項式である。

よって，このアルゴリズム全体の計算時間は $n$ の多項式となるので，$A$ にも多項式時間アルゴリズムが存在し，題意が証明できた。　　　　　　　　　□

つまり $A \preceq_P B$ は，多項式時間可解性という意味においては，問題 $A$ の難しさは問題 $B$ の難しさ以下であるということを表している。直感的にいって，分割問題は単純ナップザック問題の部分問題であるので，「分割問題 $\preceq_P$ 単純ナップザック問題」は当然の結果といえる。しかし実はその反対方向も証明できるのである。

**命題 1.2** 単純ナップザック問題は分割問題に多項式時間帰着可能である。

[証明]　　単純ナップザック問題の任意の問題例 $I = (a_1, \ldots, a_n, b)$ が与えられたとき，$s = a_1 + \cdots + a_n$ を計算し，分割問題の問題例 $I' = (a_1, \ldots, a_n,\ a_{n+1} = s+b,\ a_{n+2} = 2s-b)$ を出力するアルゴリズムを考える。以下で「$I$ の解が Yes であるとき，かつそのときに限り $I'$ の解が Yes である」ことを証明する。

(I)　「$I$ の解が **Yes**」→「$I'$ の解が **Yes**」の証明：「$I$ の解が Yes」と仮定する。すなわち，ある $B \subseteq \{1, \ldots, n\}$ が存在して $\displaystyle\sum_{i \in B} a_i = b$ である。分割問題に対し，$B' = B \cup \{n+2\}$ とすると

$$\sum_{i \in B'} a_i = b + (2s - b) = 2s$$

であり，さらに

$$\sum_{i=1}^{n+2} a_i = s + (s + b) + (2s - b) = 4s$$

であることから

$$\sum_{i \in B'} a_i = \frac{1}{2} \sum_{i=1}^{n+2} a_i$$

が成立し，$I'$ の解は Yes である。

(II) 「$I'$ の解が **Yes**」→「$I$ の解が **Yes**」の証明：「$I'$ の解が Yes」と仮定する。すなわち，ある $B' \subseteq \{1, \ldots, n+2\}$ が存在して $\sum_{i \in B} a_i = \dfrac{1}{2} \sum_{i=1}^{n+2} a_i = 2s$ である。ここで，$a_{n+1} + a_{n+2} = 3s > 2s$ より，$n+1$ と $n+2$ の片方が $B'$ に入り，もう片方が $B'$ に入っていないことがわかる。対称性より，$n+1 \notin B'$ かつ $n+2 \in B'$ として一般性を失わない。$B = B' - \{n+2\}$ とすると

$$\sum_{i \in B} a_i = \sum_{i \in B'} a_i - a_{n+2} = 2s - (2s - b) = b$$

となる。$n+1, n+2 \notin B$ なので，この $B$ の存在により，$I$ の解は Yes である。
(I) と (II) より，「$I$ の解が Yes であるとき，かつそのときに限り $I'$ の解が Yes である」ことが証明できた。先の変換アルゴリズムは明らかに多項式時間で計算可能なので，題意が証明できた。　　　　　　　　　　　　　　　　　　　　　　　　　　□

命題 1.1 と命題 1.2 より，分割問題と単純ナップザック問題は，多項式時間可解性という意味では同値だということになる。

さて，多項式時間可解性という概念を用いて，NP 完全の正確な定義を提示しておく。

---

●**定義 1.6**　　問題 $A$ は任意の $B \in P$ に対して $B \preceq_P A$ であるとき **NP 困難**（NP–hard）であるという。また，問題 $A$ が NP 困難であり，かつ $A \in P$ であるとき，$A$ は **NP 完全**（NP–complete）であるという。

---

上記の分割問題，単純ナップザック問題，充足可能性問題はすべて NP 完全であることがわかっている。既知の NP 完全問題を多項式的に帰着することで，新たな問題の NP 完全性の証明が比較的容易にできる[†]。そして多くの学者が NP 完全問題には多項式時間アルゴリズムは存在しないだろうと予想している

---

[†] この技法では，最初に NP 完全性が示された問題の証明はできないということに気づいた人は鋭い。最初に証明された NP 完全問題は充足可能性問題（SAT）であり，クック（Cook）によって 1971 年に証明された。その証明法は，計算機のモデルであるチューリング機械上の任意の多項式時間アルゴリズムは多項式長の SAT で定式化されることを示すことで行われた。詳しい解説は文献 16),52),55),57),61) などを参照。

ので，NP 完全性の証明は，その問題が難しいことの強力な状況証拠となるのである。

# 演 習 問 題

**【1】** 「問題は無限個の問題例の集まり」（**1.2.1 項** 参照）としたが，「有限個の問題例の集まり」としてはなにが具合が悪いのか，その理由を考えよ。
〔ヒント〕 有限個の問題例の集まりである問題 FINITE があったとして，FINITE を解くアルゴリズムの計算量はどうなるか考えてみよ。

**【2】** つぎの関数をそれぞれ $O(\ )$ の形で表記せよ。なるべく簡単な関数にすること。
（1） $f(n) = 10n + 5n^2 + 3n \log n + 8 \log n$
（2） $f(n) = 2n^{100} + 10^{1000}n + 1.0001^n$
（3） $f(n) = 3n^3 \lg n + 10n^3 \ln n - 100n^{1.5}$

**【3】** 任意の二つの実数 $a, b > 1$ に対し，$\log_a n = O(\log_b n)$ であることを証明せよ。

**【4】** 式 (1.1) と式 (1.2) が成立することを証明せよ。

**【5】** つぎに定義する単純 3 分割問題が NP 完全であることを証明せよ。ただし分割問題が NP 完全であることは使ってよい。

> **単純 3 分割問題**
> **入力** $n$ 個の整数 $a_1, \ldots, a_n$
> **要請** $a_1, \ldots, a_n$ を総和が等しい三つの部分に分けられる（すなわち $\displaystyle\sum_{i \in B_1} a_i = \sum_{i \in B_2} a_i = \sum_{i \in B_3} a_i$ である $B_1, B_2, B_3$，ただし $B_1 \cup B_2 \cup B_3 = \{1, \ldots, n\}$ かつ $B_1 \cap B_2 = B_1 \cap B_3 = B_2 \cap B_3 = \emptyset$ が存在する）か否かを判定せよ。

〔注〕 「3 分割問題（3–partiton problem）」という問題は，別にあるので注意すること。

**【6】** $A$ をクラス $P$ に属する任意の決定問題，$B$ を任意の決定問題（ただし Yes である問題例と No である問題例のどちらも存在する）とする。このとき $A \preceq_P B$ であることを証明せよ。

# 2 基本的データ構造

## 2.1 配　　　列

データの集合で，正整数の添字を指定することで個々の要素を区別するようなものを**配列**という。配列にはその並び（隣接関係）の種類によって，1次元, 2次元, 3次元, …というように次元数があり，各次元ごとに添字の上限がある。例えば2次元の配列で最初の次元の添字の上限が $n$ で，2番目の配列の添字の上限が $m$ のとき，$n \times m$ **配列**などと呼ぶ。$A$ が $k$ 次元の $n_1 \times n_2 \times \cdots \times n_k$ 配列であるとき，$A[n_1, n_2, \ldots, n_k]$ と表現することもある。

配列はその添字を指定することで要素を指定する。例えば図 **2.1** の $3 \times 5$ 配列 $A[3,5]$ において $A(2,4) = 3$ である。

| 4 | 7 | 1 | 6 | 0 |
|---|---|---|---|---|
| 1 | 5 | 0 | 3 | 8 |
| 0 | 9 | 2 | 0 | 1 |

図 **2.1**　配列の例

配列は最も単純なデータ構造なので，頻繁に使用されるが，それだけでは不十分な場合も多い。例えば配列の中身のデータをある秩序（例えば小さい順など）で整列しておきたいとき，データの挿入や削除が容易ではない（最悪の場合，すべてのデータを動かさなければならない）。

こういった要求に応えるためにさまざまなデータ構造がある。それらを以下で説明する。

## 2.2 線形データ構造

1次元配列 $A[n]$ のように，データが一直線に並んでいるもの，言い換えれば，添字一つによって個々のデータを特定できるデータ構造を線形データ構造，あるいは1次元データ構造という。線形データ構造は最も基本的な構造であるが，使い道によってさまざまな実現方法がある。

### 2.2.1 配列を使う方法

配列 $A[n]$ を使うのは，非常に簡単であるという長所がある反面，（例えば昇順に並んでいるなど）データの並び順に意味がある場合は，削除や挿入に時間がかかるという欠点がある。

例えば

この配列から $a_k$ を削除するとつぎのようになる。

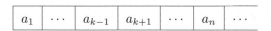

このように $a_{k-1}$ と $a_{k+1}$ の間に空のセルができてしまう。もしこのときに，データの並び順に意味がなければ，最後のデータ $a_n$ を空セルに移せばよい。しかしデータの並び順を保ちたい場合には，$a_{k+1}$ 以下を前に詰める必要がある。その結果つぎの配列を得る。

| $a_1$ | $\cdots$ | $a_{k-1}$ | $a_{k+1}$ | $\cdots$ | $a_n$ | $\cdots$ |

しかしこの操作には平均的に $\Theta(n)$ の手間を要する。

途中にデータを挿入したい場合にも，並び順を壊さないようにするためには，挿入するセル以降のデータを一つずつ後ろにずらしていく必要があり，やはり

平均的に $\Theta(n)$ の手間を要する．

**2.2.2　リ　ス　ト**

**（1）基 本 構 造**　個々のデータがポインタを利用してつぎつぎとつながっている構造をもつデータを**連結リスト**（linked list）あるいは単に**リスト**（list）という．**図 2.2**（ a ）にその例を示す．この例では，「Alice」，「Bob」，「David」，「Eva」という四つの名前のデータを，この順番に格納している．

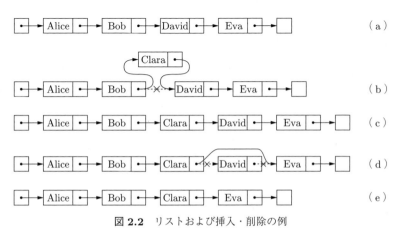

図 2.2　リストおよび挿入・削除の例

リストにおいて，個々のデータは，データそのものが格納されている部分の他に，つぎのデータのアドレスを示すポインタももっており，その対で一つのデータになっている．図の矢印は前のデータから後のデータのアドレスを指し示すポインタである．最初と最後にある四角は，おのおの，そのリストの先頭のデータを指し示すポインタを格納してある変数と，そのリストの最後を表すデータ（それを表す特別な記号を入れておく）である．このリスト内のデータを順番に列挙したいときには，ポインタをたどって順々に出力していけばよい．

**（2）挿入と削除**　リスト構造の利点はデータの中途への挿入や中途からの削除が容易なことである．例えば図 2.2（ a ）の「Bob」と「David」の間に「Clara」というデータを挿入したいときには，図（ b ）のように，まず「Clara」

を格納した箱 (変数) を用意し,「Bob」から「David」へつながるポインタを切って, 代わりにそれを「Clara」へとつなぎ,「Clara」からのポインタを「David」につなげばよい。その結果, 図 ( c ) の新たなリストを得る。

削除はその逆の操作をすればよい。例えば図 ( c ) の状態から「David」を削除する場合には, 図 ( d ) のように, その直前の「Clara」のポインタを「David」のつぎの「Eva」に付け替えればよい。その結果, 図 ( e ) の形を得る。これらの操作はどれも定数時間でできる。

ただし, 上の削除の操作において,「David」の直前のデータが「Clara」であることは,「David」からポインタを使って (少なくとも定数時間で) 見つけることはできない。これを実現するためには, 直前のデータを指し示す, 逆向きのポインタも必要である。この逆向きのポインタももっているリストを**双方向リスト** (doubly–linked list) と呼ぶが, 単に「リスト」といった場合, 通常は双方向リストを考える。**図 2.3** に双方向リストの例を示す。

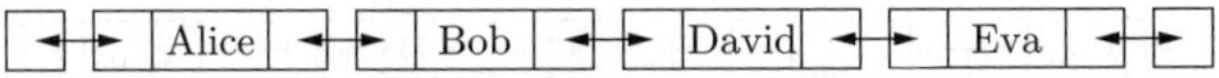

図 **2.3** 双方向リストの例

( **3** ) **リストの配列を使った表現** リストは配列を使って表現できる。片方向リストの場合を, **図 2.4** を使って説明する。2 次元配列 List[2,$N$] を用意する (双方向リストならば List[3,$N$] を用意する)。ただし $N$ は, (そのリストに同時に入るデータの数の最大値) + 2 以上にしておく。$n = 3, \ldots, N$ に対し,

( a )

| | 1 | 2 | 3 | 4 | 5 | 6 | 7 | 8 | 9 | 10 | ⋯ |
|---|---|---|---|---|---|---|---|---|---|---|---|
| 1 | × | × | Bob | | Alice | | Eva | David | | | ⋯ |
| 2 | 5 | | 8 | | 3 | | 1 | 7 | | | ⋯ |

( b )

| | 1 | 2 | 3 | 4 | 5 | 6 | 7 | 8 | 9 | 10 | ⋯ |
|---|---|---|---|---|---|---|---|---|---|---|---|
| 1 | × | × | Bob | | Alice | | Eva | David | | | ⋯ |
| 2 | 5 | 4 | 8 | 9 | 3 | 10 | 1 | 7 | 6 | 13 | ⋯ |

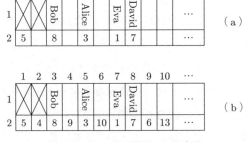

図 **2.4** リストの配列による実現

List(1,n) にデータを入れ，List(2,n) につぎのデータのアドレス（ポインタ）を格納する．List(2,1) には先頭のデータのアドレスを入れ，List(1,1) はつねに空にしておき，リストの最後を表す．個々のデータのアドレスは，リスト内の位置と無関係である．例えば図 2.2（a）のリストは図 2.4（a）のように実現することができる．

新たに挿入するデータは空いているアドレスを適当に使えばよい．ただし，どこが空いているかという情報も管理しておかないと，挿入の際に入れる場所をすぐに見つけることができない．そのために空きアドレスを示すリンクも用意しておくとよい．空きアドレスリストの先頭の番地は List(2,2) を使う．その情報も加えたものが図（b）である．

**（4）リストの分割と連接** 一つのリストを途中から前後の二つのリストに分割したり，逆に二つのリストを前後に連接して一つのリストにしたりする操作は，それぞれ $O(1)$ 時間でできる（図 **2.5** 参照）．

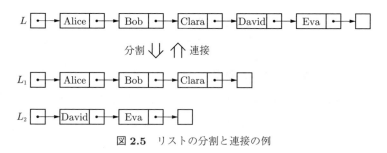

図 **2.5** リストの分割と連接の例

### 2.2.3 スタック

線形データ構造で，最後に入れたデータを必ず最初に取り出すような構造を**スタック** (stack, pushdown stack) といい，そのシステムを**後入れ先出し** (last–in first out, **LIFO**) という．大学食堂などのカフェテリアにある，お盆の収納をイメージするとわかりやすい．洗った奇麗なお盆を上から乗せ，取り出す場合には一番上からもっていく（図 **2.6** 参照）．

スタックは配列によって表現することができる．図 **2.7** において，ポインタ

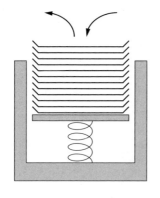

図 2.6 スタックのイメージ（つねに一番上のお盆が出し入れされる）

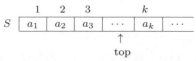

図 2.7 スタックの配列による実現

top はデータの最後尾を表し，データを挿入する場合には，その最後尾のデータの後ろに新たなデータを付け加えた上で top に 1 を加えておく．データの削除の場合は，最後尾のデータを削除して top から 1 減じておく[†]．

### 2.2.4 キュー（待ち行列）

線形データ構造で，先に入れたデータを必ず先に取り出すような構造を**キュー**（queue）といい，そのシステムを**先入れ先出し**（first-in first out, **FIFO**）という．

切符売り場などで列に並ぶ場合，後から来た人は列の最後尾に付き，列の先頭から順番に案内を受けることができるが，キューはこのイメージであり（図 2.8 参照），キューには**待ち行列**という訳語もある．

キューも配列で実現することができる．図 2.9 において，現在 $a_1, a_2, a_3, a_4$ のデータがこの順に入っている．ポインタ front はデータの先頭を，rear は最後尾を表している．データを削除するときには，先頭の $a_1$ を削除し，front に 1 を加える．データを加えるときには，最後尾の後ろの空きセルに新たなデー

---

[†] 最後尾のデータはわざわざ消去しなくとも，top から単に 1 減じておくだけでもよい．ポインタ以降のデータは無視されるだけである．

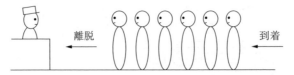

図 2.8 キュー（待ち行列）のイメージ（削除は先頭から，追加は最後尾に）

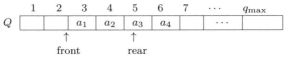

図 2.9 キューの配列による実現

タを入れ rear に 1 を加える。$Q(q_{max})$ はこの配列の最後尾のセルで，その後ろは $Q(1)$ につながって環状になっていると解釈する。すなわちポインタの値が $q_{max}$ であるときに 1 を加えるとポインタは 1 に戻る。

## 2.3 木

### 2.3.1 一般的木構造

木構造とは図 2.10 のような形の構造であり，データ構造の中でも重要な位

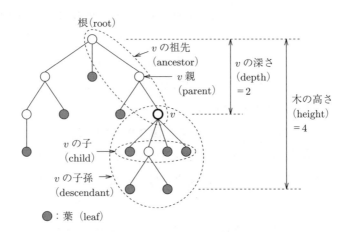

図 2.10 木とそれに関連する用語

置を占める。なお「木」とはグラフ理論の用語であり，グラフについて詳しく
は **2.4 節**で解説するが，ここではデータ構造を説明するのに必要な用語の解説
をしておく。データ構造で用いられる木構造は，正確にいえば根付き有向木で
ある。根付き有向木 $T = (V, r, p)$ は以下の構造をもっている。

- 頂点集合 $V$
- 唯一の根 $r \in V$
- 頂点 $v \in V - \{r\}$ に対する，親ポインタ $p: V - \{r\} \to V$

$p(v)$ を $v$ の**親**（parent）と呼び，$v$ を $p(v)$ の**子**（child）と呼ぶ。ただし根 $r$
には親が存在しないので，$p(r) = 0$，$0 \notin V$ としておく。なお，親ポインタ $p$
はつぎの制約を満たしていなければならない。

- 根以外の任意の頂点 $v \in V - \{r\}$ は必ず親をもつ。
- 任意の頂点 $v \in V$ から親ポインタを順にたどって $v$ に戻ることはない
  （すなわち頂点 $p(v)$，$p(p(v))$，$p(p(p(v)))$，... は，もし存在するならば，
  必ず $v$ とは異なる）。

これらの性質から，つぎの性質が自然と得られる。

- 任意の頂点 $v \in V$ に対し，親ポインタをたどることで必ず根 $r$ にたどり
  着く。すなわち頂点列 $v = v_0, v_1, \ldots, v_k = r$ が存在し，$p(v_i) = v_{i+1}$
  （$\forall i \in \{0, \ldots, k-1\}$）である。

この頂点列 $\langle v = v_0, v_1, \ldots, v_k = r \rangle$ を $T$ 上の **$v$–$r$ 路**（$v$–$r$ path）と呼ぶ。
各 $v \in V$ に対し $v$–$r$ 路はただ一つだけ存在する。$v$–$r$ 路上の任意の頂点 $u$ を
$v$ の**祖先**（ancestor）と呼ぶ[†]。頂点 $u$ が $v$ の祖先であるとき，$v$ を $u$ の**子孫**
（descendant）と呼ぶ。子をもたない頂点を**葉**（leaf）と呼ぶ。

$v$–$r$ 路が $\langle v = v_0, v_1, \ldots, v_k = r \rangle$ であるとき，$v$ の**深さ**（depth）は $k$ であ
る。深さが最大の頂点の深さを，その木の**高さ**（hight）と呼ぶ。例えば図 2.10
の木において，頂点 $v$ の深さは 2 であり，この木の高さは 4 である。

親ポインタを使用することによって子からその親を見つけることはすぐに（定
数時間で）できる。しかしアルゴリズムによっては親から子を見つける操作も

---

[†] 定義から $v$ 自身は $v$ の祖先でもある。また，根 $r$ はすべての頂点の祖先である。

28    2. 基本的データ構造

あったほうが便利な場合もある。よって親ポインタの逆関数となるようなポインタも用意することもある。ただし，子は（親と違って）複数存在しうるので，単なる一つのポインタだけでは不都合である。子を示すポインタにはつぎのような 2 種類がある。

- **子が定数個しかないとき**：子の数の上限が定数（$c$ とする）で抑えられているときは，各頂点 $v \in V$ に対し，$i \in \{1, \ldots, c\}$ 番目の子を表すポインタ $\mathrm{child}_i(v)$ を用意すればよい。子の数が $c$ に満たない $v$ に対しては，添字 $i$ の少ないほうから子の数だけ $\mathrm{child}_i(v)$ を使用し，残りには存在しないことを示す特別な記号（例えば $\perp$）を入れておく。

- **子の数が定数で抑えられないとき**：各頂点 $v \in V$ に対し，その子をリストで表す。すなわち，$\mathrm{child}(v)$ で最初の子の番号を与え，（$u$ が $v$ の子だとすると）$\mathrm{younger}(u)$ で $u$ のつぎの（$v$ の）子を表す。$u$ が $v$ の最後の子の場合 $\mathrm{younger}(u) = \perp$ などとしておく。

なお，子の数が定数で抑えられているとき，その定数が $k$ だとすると，その木は **$k$ 分木**（$k$-ary tree）と呼ばれる。木 $T = (V, E)$ の頂点 $v \in V$ に対し，$v$ の子孫の集合も木の構造をしている。これを **$v$ を根とする部分木**といい，$T(v)$ で表す。

### 2.3.2 完 全 二 分 木

**（1）完全二分木とは**　　根付き有向木の中でも，完全二分木と呼ばれる構造は，単純な表記法があるため使用頻度が高い。完全二分木は二分木であるので，任意の頂点はたかだか二つの子をもつ。そしてその二つの子は左側の子と右側の子とに区別される。

完全二分木 $T$ はさらに以下の条件を満たしている。なお $T$ の頂点数を $n$，高さを $h$ とする。

- 深さが $h - 2$ 以下の頂点はすべて二つの子をもつ。
- 深さ $h - 1$ の頂点のうち，子を一つしかもたない頂点はたかだか一つであり，その子は左側の子である。

- 深さ $h-1$ の任意の二つの頂点 $u, v$ で $u$ が $v$ の左側にあるとすると, $u$ の子の数は $v$ の子の数以上である．

以上の規則により，頂点数 $n$ が決まれば完全二分木の形は一通りに決まる．すなわち

- $h = \lceil \lg(n+1) \rceil - 1$
- 任意の $i \in \{1, \ldots, h-1\}$ に対し，深さ $i$ の頂点数は $2^i$ 個．
- 深さ $h$ の頂点は左詰めで配置される．

図 2.11 に完全二分木の例を図示しておく．

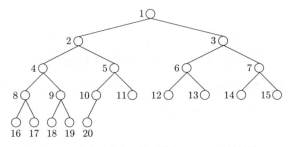

図 2.11 完全二分木の例（番号については後述）

**（2） 完全二分木の表現するデータ構造** 上述のように完全二分木は頂点数さえ決まれば構造も決まるので，そのデータ構造も非常にシンプルにすることができる．まず完全二分木の各頂点につぎの規則で $\{1, \ldots, n\}$ の番号を付与する（ただし $h$ は木の高さ）．

- 根には番号 1 を付与する．
- 深さ $j \in \{1, \ldots, h-1\}$ の頂点に $\{2^j, \ldots, 2^{j+1}-1\}$ の番号を左から昇順に付与する．
- 深さ $h$ の頂点に $\{2^h, \ldots, n\}$ の番号を左から昇順に付与する．

図 2.11 内の番号がその番号の例である．

上の番号付けを利用して，つぎのように完全二分木を単なる配列で記憶することができる：

配列 $B[n]$ を用意し，番号 $i$ の頂点のデータを $B(i)$ に格納する．

30    2. 基本的データ構造

この表現法を用いた場合，各頂点について，その親や子を簡単に検索することができる。すなわち以下が成立する。

頂点 $i \in \{2, \ldots, n\}$ の親は $\lfloor i/2 \rfloor$ であり，頂点 $i$ の左の子は $2i$，右の子は $2i + 1$ である（ただし $n$ より大きくなる場合はその子は存在しない）。

このことは図 2.11 を見れば簡単に確認できるだろう。完全二分木はヒープ（**3.7 節** 参照）でも使用する。

## 2.4　グ　ラ　フ

本節ではグラフの説明を行う。グラフはデータ構造とアルゴリズムを説明するために不可欠であるのみならず，離散数学や計算機科学において中心的な概念の一つであり，多くの対象がモデル化できるので，工学的にもたいへん重要である。

### 2.4.1　グラフの基本

グラフ（graph）$G = (V, E)$ とは，有限集合† $V$ と $E \subseteq V \times V$ の対で定義される概念である。なお

$$V \times V := \{(u, v) \mid u, v \in V\}$$

である。$V$ の要素を**頂点**（vertex）または**節点**（node），$E$ の要素を**辺**（edge）または**枝**（branch）などと呼ぶ。辺 $(u, v)$ が存在するとき，頂点 $u$ と頂点 $v$ は**隣接する**（adjacent）といい，辺 $(u, v)$ と頂点 $u$（あるいは $v$）は**接続する**（incident）という。頂点 $u$ と $v$ は辺 $(u, v)$ の**端点**（terminal）という。グラフ $G$ の頂点集合を $V[G]$，辺集合を $E[G]$ と表すこともある。すなわち，$G = (V, E)$ ならば $V[G] = V$，$E[G] = E$ である。

───────────────

† $V$ が無限集合であるようなものを扱う場合もあるが，本書では対象としない。

辺は二つの頂点の対によって定義されるが，この2頂点の順番を考量しない場合と，する場合とがある。すなわち，$(u,v)$ と $(v,u)$ を同じものと考えるものを**無向グラフ**（undirected graph）と呼び，$(u,v)$ と $(v,u)$ は異なるものと考えるものを**有向グラフ**（directed graph または digraph）と呼ぶ（図**2.12**参照）。単にグラフといった場合には，通常は無向グラフのことを意味する。有向グラフの辺のことを**有向辺**（directed edge）あるいは**アーク**（arc）ということもある。有向辺 $(u,v)$ に対し，$u$ を**尾**（tail），$v$ を**頭**（head）と呼び，図で表す場合には通常 $u$ から $v$ への矢線で表される。

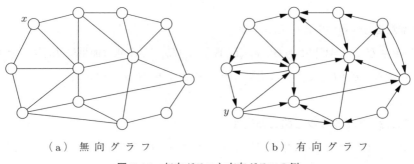

（a）無向グラフ　　　　　（b）有向グラフ
図 **2.12**　無向グラフと有向グラフの例

両端点が等しい辺 $(v,v)$ を**自己ループ**（self loop）という。同一頂点対間に二つ以上の辺が存在するとき（有向グラフの場合はさらに辺の方向も等しいとき），それらの辺を**並列辺**（parallel edges）という。自己ループや並列辺の存在しないグラフを**単純グラフ**（simple graph）といい，並列辺や自己ループの存在を許すグラフを**多重グラフ**（multigraph）という[†]。通常，特に断らないかぎり，グラフ（有向グラフ）は単純であるものとする。

### 2.4.2　次数とカット

グラフ $G$ の頂点 $v \in V$ に接続する辺の数を $v$ の**次数**（degree）といい，$\deg_G(v)$ で表す（添字の $G$ は明らかな場合には省略することもある。これは他の記号で

---

† 存在を許すのであって，存在しなければならないわけではないので，単純グラフは多重グラフの特別な場合とも解釈できる。

も同様）。例えば図 2.12（a）のグラフの頂点 $x$ の次数は 3 である。頂点 $v \in V$ の隣接点集合を $\Gamma_G(v)$ と表す。すなわち，$\Gamma_G(v) := \{u \in V \mid (v,u) \in E\}$ である。単純グラフにおいては $|\Gamma_G(v)| = \deg_G(v)$ となる。有向グラフの場合は，頂点 $v$ に対し，それを尾とする辺 $(v,u)$ $(u \in V)$ の本数を**出次数**（out-degree），頭とする辺 $(u,v)$ $(u \in V)$ の本数を**入次数**（in-degree）などと呼び，それぞれ $\deg_G^+(v)$, $\deg_G^-(v)$ で表す。例えば図 2.12（b）のグラフの頂点 $y$ の出次数は 3 で，入次数は 1 である。また，$\Gamma_G^+(v) := \{u \in V \mid (v,u) \in E\}$, $\Gamma_G^-(v) := \{u \in V \mid (u,v) \in E\}$ とする。

グラフ $G = (V, E)$ とその頂点部分集合 $U, W \subseteq V$ に対し，$U$ と $W$ にそれぞれ端点をもつ辺の集合を $E_G(U, W)$ で表す。すなわち $E_G(U, W) := \{(u,w) \in E \mid u \in U, w \in W\}$ である。$e_G(U, W) := |E_G(U, W)|$ は簡単に $E_G(U)$ とも表現する。$E_G(U)$ で表せる辺集合を $G$ の**カット**（cut）と呼ぶ。

### 2.4.3 部分グラフと路と連結性

グラフ $G = (V, E)$ に対し，$V' \subseteq V$ かつ $E' \subseteq E$ であるグラフ $G' = (V', E')$ を $G$ の**部分グラフ**（subgraph）という。$V' = V$ であるような部分グラフ $G = (V, E')$ を $G$ の**全域部分グラフ**（spanning subgraph）という。グラフ $G = (V, E)$ とその頂点の部分集合 $W \subseteq V$ に対し，グラフ $(W, \{(u,v) \in E \mid u, v \in W\})$ を $G$ の $W$ による**誘導部分グラフ**（induced subgraph）と呼び，$G(W)$ で表す。例えば，図 **2.13**（a）のグラフに対し，図（b），（c），（d）はどれもその部分グラフであり，特に図（b）は全域部分グラフで，図（d）は頂点集合 $\{v, w, x, y, z\}$

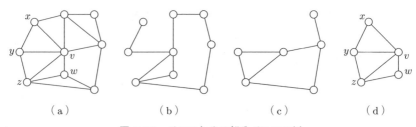

図 **2.13** グラフとその部分グラフの例

による誘導部分グラフである。

路（path）とは，頂点と辺の交互列によって構成されるグラフ

$$(\{v_0, v_1, \ldots, v_p\}, \{(v_0, v_1), (v_1, v_2), \ldots, (v_{p-1}, v_p)\})$$

である。$v_0$ と $v_p$ を路の**端点**（terminal）と呼ぶ。路はその両端点を用いて，$\boldsymbol{v_0}$–$\boldsymbol{v_p}$ 間の路，あるいは $\boldsymbol{v_0}$–$\boldsymbol{v_p}$ 路のようにいうこともある。路は，その頂点列や辺列を用いて，$\langle v_0, v_1, \ldots, v_p \rangle$ あるいは $\langle (v_0, v_1), (v_1, v_2), \ldots, (v_{p-1}, v_p) \rangle$ のように表すこともある。両端点の等しい路のことを**閉路**（cycle）という。路や閉路の**長さ**（length）は，含まれる辺の数で定義される（すなわち上の例では $p$）。

路や閉路は，同じ辺を 2 度以上経由しないとき**初等的**（elementary）であるといい，同じ頂点を 2 度以上経由しないとき**単純**（simple）であるという†。定義より，路（あるいは閉路）が単純であるならば初等的であるが，初等的であるからといって単純であるとはかぎらない。例えば，図 2.13（a）のグラフにおいて，路 $\langle x, v, w, z, v, y \rangle$ は初等的ではあるが（$v$ を二度経由しているので）単純ではない。

グラフ $G = (V, E)$ が，その任意の節点対 $u, v \in V$ に対し，$u$–$v$ 路をもつとき，$G$ は**連結**（connected）であるという。グラフ $G = (V, E)$ の連結な極大誘導部分グラフ（すなわち，$G$ のある頂点部分集合 $W \subseteq V$ による誘導部分グラフ $G(W)$ で，それが連結であり，かつ，任意の $v \in V - W$ に対して $G(W \cup \{v\})$ が連結ではないようなもの）を，$G$ の**連結成分**（connected component）という。$G$ が連結であるときは，$G$ の連結成分は $G$ そのものである。

有向グラフ $G = (V, E)$ が，その任意の節点対 $u, v \in V$ に対し，$u$–$v$ 路と $v$–$u$ 路を共にもつとき，$G$ は**強連結**（strongly connected）であるという。

### 2.4.4　木と森と DAG と二部グラフと完全グラフ

部分グラフとして閉路を含まないグラフのことを**森**（forest）といい，連結な

---

† 閉路 $\langle v_0, v_1, \ldots, v_p, v_0 \rangle$ の場合，$v_0$ は一度しか通っていないと解釈する。

森を木 (tree) という (図 2.14 参照)[†]。グラフ $G$ の全域部分グラフで木であるようなものを全域木 (spanning tree) という。グラフ $G$ の全域部分グラフ $G' = (V, E')$ で，それ自体が森であり，さらに任意の $e \in E - E'$ について $e$ を $G'$ に加えたら森でなくなるようなものを全域森 (spanning forest)，あるいは極大森 (maximal forest) という。元のグラフが連結であるならば，全域森は全域木となる。木や森において，次数が 1 以下の頂点を葉 (leaf) という。例えば図 2.14 において，太線の頂点が葉である。

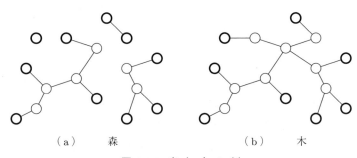

(a) 森　　　　　　　(b) 木

図 2.14　森と木の例

有向グラフ $G = (V, E)$ が，辺の方向を無視して無向グラフとして見たときの形状が木であり，さらにすべての頂点の入次数が 1 以下であるとき，$G$ を出木 (out-tree) であるという (図 2.15 (a) 参照)。出木には入次数が 0 である頂点がただ一つ存在するので，それを根 (root) と呼ぶ。また，出木において

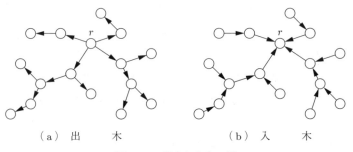

(a) 出　木　　　　　　　(b) 入　木

図 2.15　出木と入木の例

---

[†] 森は一つ以上の木の集まったものという解釈もできる。

出次数 0 の頂点を葉（leaf）と呼ぶ．出木において，根 $r$ から任意の頂点 $v \in V$ への $r$–$v$ 路はただ一つ存在する．

有向グラフ $G = (V, E)$ が，辺の方向を無視して無向グラフとして見たときの形状が木であり，さらにすべての頂点の出次数が 1 以下であるとき，$G$ を入木(いりぎ)（in–tree）であるという（図 ( b ) 参照）．入木には出次数が 0 である頂点がただ一つ存在するので，それを根（root）と呼ぶ．また，入木において入次数 0 の頂点を葉（leaf）と呼ぶ．入木において，任意の頂点 $v \in V$ から根 $r$ への $v$–$r$ 路はただ一つ存在する．

出木と入木を合わせて有向木(ゆうこうぎ)（directed tree）あるいは根付き木(ねつぎ)（rooted tree）という．

有向グラフ $G = (V, E)$ が，有向閉路をもたないとき**有向無閉路グラフ**（directed acyclic graph）といい，これを **DAG** とも呼ぶ．

グラフ $G = (V, E)$ の頂点集合 $V$ に対し分割 $V_1, \ldots, V_k \subseteq V$ （すなわち，$V_1 \cup \cdots \cup V_k = V$ かつ，任意の $0 \leq i < j \leq k$ に対し $V_i \cap V_j = \emptyset$）が存在し，$V_i$ ($\forall i \in \{1, \ldots, k\}$) 内の頂点対間には辺が存在しないようなグラフのことを **$k$ 部グラフ**（$k$–partite graph）といい，各 $V_i$ を**部**（part）と呼ぶ．$k = 2$ のときには特に**二部グラフ**（bipartite graph）と呼ぶ（図 **2.16** 参照）．$k$ 部グラフをその部を明示して $(V_1, \ldots, V_k; E)$ などと表現することもある．

任意の異なる 2 頂点間に辺をもっているようなグラフのことを**完全グラフ**（complete graph）と呼ぶ．$n$ 頂点からなる完全グラフを $K_n$ と表記する（図

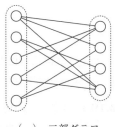 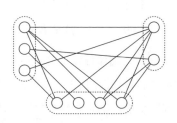

（a）二部グラフ　　　　　（b）三部グラフ

図 **2.16** 二部グラフと三部グラフの例（点線で囲った部分のおのおのが部である）

2.17（a）参照）。$k$ 部グラフで，異なる部に属する頂点間にはすべて辺が存在するようなものを**完全 $k$ 部グラフ**（complete $k$-partite graph）と呼び，各部の大きさが $n_1, \ldots, n_k$ である完全 $k$ 部グラフを $K_{n_1,\ldots,n_k}$ と表記する（図（b）参照）。

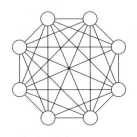 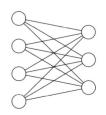

（a）完全グラフ $K_8$ 　　　（b）完全二部グラフ $K_{4,3}$

図 **2.17** 完全グラフ $K_8$ と完全二部グラフ $K_{4,3}$

### 2.4.5　グラフのデータ構造

グラフを表現するデータ構造を説明する。まず頂点集合は，頂点数が $n$ ならば，1 から $n$ までの ID を用いて，おのおのの頂点を表現するのが普通である。つぎに辺の表現法であるが，そのための標準的な方法としては，隣接行列によるものと隣接リストによるものとの 2 通りがある。

**（1）隣接行列による表現**　　グラフ $G = (V, E)$, $|V| = n$, $|E| = m$ に対し，$n \times n$ 行列（配列）$A = \{a_{i,j}\}$ を用意し

$$a_{i,j} = \begin{cases} 1, & (i,j) \in E \text{ のとき} \\ 0, & (i,j) \notin E \text{ のとき} \end{cases}$$

としたものを $G$ の**隣接行列**（adjacency matrix）という。例えば図 **2.18**（a）のグラフの隣接行列は図（b）のようになる。無向グラフであるから隣接行列は対称行列となる。有向グラフの場合の例は**図 2.19** に示す。この場合は当然，対称行列となるとはかぎらない。また，多重グラフの場合には，並列辺の本数を $a_{i,j}$ とすればよい。

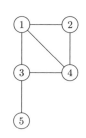

（a）グラフ　　　　（b）隣接行列

図 **2.18**　グラフに対する隣接行列

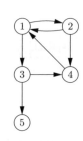
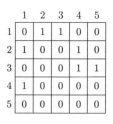

（a）有向グラフ　　　（b）隣接行列

図 **2.19**　有向グラフに対する隣接行列

隣接行列はたいへんわかりやすい表現であるのだが，一方，データ量という意味では好ましくない場合もある．すなわち，$n \times n$ の配列が必要となるので，データ量としては $\Theta(n^2)$ となるが，辺の数があまり多くない場合には，この方法には無駄が多い．そういう場合にはつぎに示す隣接リストを用いるのがよい．

（**2**）**隣接リストによる表現**　　各頂点 $i \in V$ ごとのリスト neighbor($i$) によって，$i$ に隣接する頂点集合を記憶する．この方法を**隣接リスト**（adjacency list）という．例えば図 **2.20**（a）のグラフの隣接リストは図（b）のようになる．リストは両方向リストにしてもよい（そのほうが使いやすい）．有向グラフの場合は，頂点から出る辺についてのリストと，頂点に入る辺のリストとの二つに分けて作成しておくのが便利である．多重グラフの場合には，各辺に頂点と同様に連番（ID）を付与しておき，リストの各セルに隣接頂点番号を覚えるのではなく，辺の ID を記憶しておく方法がよい．例えば図 **2.21**（a）の多重

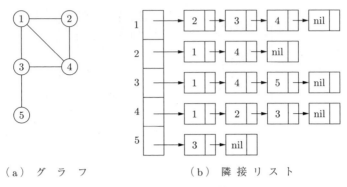

図 2.20　グラフに対する隣接リスト

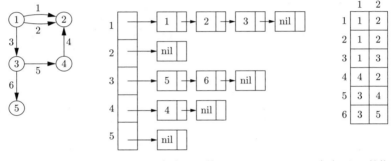

（a）多重有向グラフ　　　（b）隣 接 リ ス ト　　　（c）辺の始終点配列

図 2.21　多重有向グラフに対する隣接リストと辺の始終点配列

有向グラフの隣接リストは図 (b) のようになる．その際に辺の始終点を別に (辺数 × 2) の配列で記憶しておくとよい（図 2.21 (c)）．

隣接リストを用いた場合，使用するデータ量は $\Theta(n+m)$ でよい．これは普通に考えられる方法としては（オーダーの意味で）最小であるので[†]，グラフの問題例はつねにこの形で与えられると考えてよい．

### 2.4.6　グラフの探索 —— 幅優先探索と深さ優先探索

グラフ $G = (V, E)$ の全頂点をその隣接関係に従って列挙することを**探索**

---

[†] ファイル圧縮のように，工夫して圧縮すればもっと少ないデータ量で表現することも可能かもしれないが，それでは使いにくいので，なるべくシンプルな構造である隣接リストを用いるのが普通である．

（search）という。探索の結果は根付き木で表現される。探索の代表的なものに**幅優先探索**（breadth–first search, **BFS**）と**深さ優先探索**（depth–first search, **DFS**）とがある。幅優先探索とは，なるべく分岐を多くして根に近い頂点から先に列挙していく方法であり，深さ優先探索とは，なるべく分岐せずに一直線に深く探索しようとする方法である。それらの定義を与える前に例を見てみると，図 2.22 ( a ) のグラフに幅優先探索を行った結果得られた木の例が図 ( b ) であり，深さ優先探索を行った結果得られた木の例が図 ( c ) である。なお，頂点の横の番号は探索された順である。

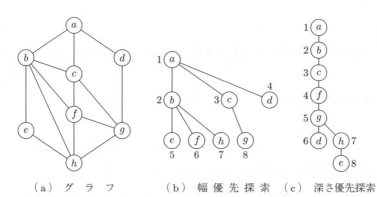

（a）グラフ　　　（b）幅優先探索　（c）深さ優先探索

図 2.22　グラフに対する幅優先探索と深さ優先探索の例

　幅優先探索や深さ優先探索に共通する，探索の基本的なアルゴリズムは以下のとおりである。なお，$L \subseteq V$ は発見済みの頂点集合，$S \subseteq L$ は隣接点の探索を終えた頂点集合であり，$p(v)$ は頂点 $v$ の親を表すポインタである。

**procedure** SEARCH($G$)
**begin**
1　　　$L := \emptyset, S := \emptyset$ とする。
2　　　頂点 $r \in V$ を選ぶ。$L := L \cup \{r\}$, $p(r) := 0$
3　　　**while** $L - S \neq \emptyset$ **do**
4　　　　　頂点 $v \in L - S$ を選ぶ。

40     2. 基本的データ構造

5      **if** $v$ の隣接頂点が $V - L$ に存在する **then**

6          そのような頂点の一つ $w$ を選ぶ。$L := L \cup \{w\}$, $p(w) := v$

7      **else**

8          $S := S \cup \{v\}$

9      **endif**

10     **enddo**

end.

上の手続きの 4 行目でどの頂点を選ぶかの違いで，探索の性質が異なる。具体的にいうと，以下の基準を用いる。

- 幅優先探索（BFS）では $L - S$ 中で最も早く $L$ に入れられたものを選択する。
- 深さ優先探索（DFS）では $L - S$ 中で最後に $L$ に入れられたものを選択する。

この違いで先に挙げたような特徴が現れる。図 2.22 の例で確認されたい。なお，上記の「$L - S$ 中で最も早く $L$ に入れられたものを選択する」場合にはデータ構造としてキュー（**2.2.4 項** 参照）が望ましく，「$L - S$ 中で最後に $L$ に入れられたものを選択する」場合にはスタック（**2.2.3 項** 参照）が望ましい。

## 演 習 問 題

【1】 任意のグラフ $G = (V, E)$ に対し

$$\sum_{v \in V} \deg(v) = 2|E| \tag{2.1}$$

が成り立つことを証明せよ。

【2】 木には必ず葉（次数 1 以下の頂点）があり，頂点数が 2 以上の木には，葉は必ず二つ以上存在することを証明せよ。

【3】 $n$ 頂点の木の辺数はつねに $n - 1$ であることを証明せよ。さらに，$n$ 頂点の森で，連結成分が $c$ 個ある場合には，辺の総数は $n - c$ であることを証明せよ。

プログラム演習　41

【4】 任意の DAG（定義は 35 ページ）$G = (V, E)$ に対し，$\deg^+(v) = 0$，すなわち出次数が 0 である頂点が存在することを証明せよ。また，$\deg^-(u) = 0$，すなわち入次数が 0 である頂点も存在し，さらに $|V| \geqq 2$ ならば上記の 2 頂点（$v$ と $u$）は異なるようにとることができることを証明せよ。

【5】 任意の DAG $G = (V, E)$ に対し，その頂点集合 $V$ から整数集合 $\{1, \ldots, |V|\}$ への一対一写像 $\sigma : V \to \{1, \ldots, |V|\}$ でつぎの条件を満たすものが存在することを証明せよ。

　　　**条件**　$(v, w) \in E$ ならば $\sigma(v) < \sigma(w)$ である。

【6】 図 2.22 の探索の例は，それぞれ幅優先探索と深さ優先探索の規則の範囲内で，「頂点のアルファベットが若いほうが先に選択される」という規則に基づいて探索が行われている（例えば，$a$ の隣接点として $b, c, d$ を選択する際，この順に選ばれている）。同様な規則で，$e$ を根とした幅優先探索木と深さ優先探索木を描け。

# プログラム演習

【1】 頂点数 $n$，辺の存在確率 $0 \leqq p \leqq 1$ のランダムグラフを作成するプログラムをつくり，(1) 隣接行列，(2) 隣接リスト，の 2 通りでデータを格納せよ。なお，ランダムグラフとは，$n$ と $p$ を入力として，頂点集合を $V = \{1, \ldots, n\}$ とし，各頂点対 $(i, j)$（$i, j \in V$, $i \neq j$）間に，辺の存在する確率を $p$ としてランダムに辺を与えてできるグラフのことである。

【2】 頂点数 $n$，辺の存在確率 $0 \leqq p \leqq 1$ を適当に与えてランダムグラフ（プログラム演習【1】参照）を作成し，それに対して幅優先探索と深さ優先探索を実施し，以下のことを調べよ。

(1) できた探索木の「高さ」，「頂点の深さの平均値」，「葉の数」を計算して，二つの探索法による違いを調べよ。

(2) 演習問題【6】において説明したように，幅優先探索と深さ優先探索の規則の範囲内で隣接点を選ぶ順番には自由度がある。同じグラフ，同じ根で，その「隣接点を選ぶ順番」を乱数などで変更して何通りか幅優先探索を実行して，「高さ」，「各頂点の深さとその平均値」，「葉の数」が変わるかどうかを確かめよ。深さ優先探索についても調べよ。

# C³ 整　　　　　列

COMPUTER SCIENCE TEXTBOOK SERIES

## 3.1　整列とはなにか

$n$ 個の要素から成る全順序付き集合（定義は **8.2 節** 参照）$A$ を，その順序に従ってデータを線形に並べ替えることを**整列**（sorting）という。本章では順序付き集合として正整数の要素から成る多重集合を考え，順序として通常の大小関係 $\leqq$ を考える。

整列を形式的に与えればつぎのようになる。

**整列問題**

入力　$n$ 個の整数の並び $W = \langle w_1, \ldots, w_n \rangle$

出力　$n$ 個の整数の並び $W' = \langle w'_1, \ldots, w'_n \rangle$

制約　$\langle w'_1, \ldots, w'_n \rangle$ は $\langle w_1, \ldots, w_n \rangle$ の並べ替えであり，かつ $w'_1 \leqq w'_2 \leqq \cdots \leqq w'_n$

「$\langle w'_1, \ldots, w'_n \rangle$ は $\langle w_1, \ldots, w_n \rangle$ の並べ替え」であるとは，正確にいえば，ある順列 $\sigma : \{1, \ldots, n\} \to \{1, \ldots, n\}$ が存在し，任意の $i \in \{1, \ldots, n\}$ に対し $w_i = w'_{\sigma(i)}$ が成立していることである。

本章では，整列のためのデータ構造とアルゴリズムについて述べる。

## 3.2 バブルソート

### 3.2.1 バブルソートのアルゴリズム

整列問題を解く最もナイーブな方法としてつぎのようなものが考えられる。

> まず全部のデータを一通り見て，最も小さいデータを見つけデータの先頭
> に移動する。つぎに残った $n-1$ 個のデータをまた一通り見て，その中で
> 最も小さいデータを見つけて2番目に移動する。さらに残った $n-2$ 個の
> データをまた一通り見て3番目に移動する…。このような手順を $n-1$ 回
> 繰り返せば，整列されているはずである。

この考え方に基づくのがバブルソート（bubble sort）である。

データ構造は配列でよい。アルゴリズムは以下のとおりである。なお，以下
では $w_i$ と $w_j$ のデータの中身を入れ替える操作のことを

$$w_i \rightleftharpoons w_j$$

と書くことにする。この記述は本書を通じて使用する。バブルソートの形式的
表記は以下のようになる。なお，入力された順序付き集合 $W$ を並べ替えて出
力するので，出力も $W$ としてある。

**procedure** BUBBLESORT$(W)$
**begin**
1   **do for** $i = 1$ **to** $n-1$
2     **do for** $j = 1$ **to** $n-i$
3       **if** $w_{n-j} > w_{n-j+1}$ **then** $w_{n-j} \rightleftharpoons w_{n-j+1}$ **endif**
4     **enddo**
5   **enddo**
**end.**

**44**　　3. 整　　　　　　　　列

1〜5 行目の do 文によって，$i$ 番目に小さいデータを $w_i'$ に入れている。2〜4 行目の do 文では，データの後方から，小さいデータを一つずつ前方に動かしてきている。この動きを例で見てみよう。入力列が

　　　$6, 3, 1, 5, 4, 2$

であった場合，まず最初の $i = 1$ のときの 2〜4 行目の do 文によって，**図 3.1** に示す手順で最小の 1 が先頭に来る。なお，そのときに比較しているペアに下線が引いてある。

6,3,1,5,<u>4,2</u>　　　　　　　　6,3,1,5,4,2
⇓　　　　　　　　　　　　⇓
6,3,1,<u>5,2</u>,4　　　　　　　　1,6,3,2,5,4
⇓　　　　　　　　　　　　⇓
6,3,<u>1,2</u>,5,4　　　　　　　　**1,2**,6,3,4,5
⇓　　　　　　　　　　　　⇓
6,<u>3,1</u>,2,5,4　　　　　　　　**1,2,3**,6,4,5
⇓　　　　　　　　　　　　⇓
<u>6,1</u>,3,2,5,4　　　　　　　　**1,2,3,4**,6,5
⇓　　　　　　　　　　　　⇓
1,6,3,2,5,4　　　　　　　　**1,2,3,4,5,6**

**図 3.1** バブルソートの例（$i = 1$ のときの数列の変化）　　**図 3.2** バブルソートの例（2 行目の do 文の結果の列）

この結果先頭の太字で示した 1 に関しては整列が終了している。

つぎに $i = 2$ とし，そのときの 2〜4 行目 do 文によって 2 番目に小さい 2 が 2 番目に来る。**図 3.2** は 2〜4 行目の do 文の結果得られる数列のみ書き表したものである。整列が終了した部分は太字で示してある。なお，$n - 1$ 番目まで決まれば $n$ 番目は自動的に決まるので，最後の 1 行は二つ同時に決定している。

### 3.2.2　バブルソートの計算時間

バブルソートに必要な比較の回数を見積もる。アルゴリズムの 2〜4 行目の繰り返し操作での比較回数は，一番最初（$i = 1$ のとき）は $n - 1$ 回であり，2 番目（$i = 2$ のとき）には $n - 2$ 回，同様に $i$ 番目には $n - i$ 回でよく，アルゴリズム全体で以下のようになる。

$$\sum_{i=1}^{n-1}\sum_{j=1}^{n-i} 1 = (n-1) + (n-2) + \cdots + 1 = \frac{n(n-1)}{2} = O(n^2)$$

比較以外の計算の数もたかだかこれの定数倍で抑えられるので，バブルソートの計算時間は $O(n^2)$ 時間である。これは最悪時間であるとともに，つねにこの時間を必要としている。

この計算時間はこれ以降で説明する他の整列アルゴリズムと比べてやや大きい。ただ，バブルソートはプログラムがわかりやすく簡単なので，比較的小規模なものを対象とする場合には，十分役に立つ。

さらにバブルソートの特徴として，数列を格納しているメモリの他には，ほとんど余計なメモリを必要としないという点がある。つねに隣合せの二つのメモリの数値を比較して，入れ替える操作をしているのみなので，定数個のメモリが別にあれば十分である。

## 3.3 マージソート

### 3.3.1 マージソートのアルゴリズム

マージソート（merge sort）はアルゴリズムがわかりやすい上に，計算時間の理論値も $O(n \log n)$ 時間を達成しており，オーダーの意味で最速である（整列の計算時間の下界値については **3.8 節** 参照）。

マージソートの考え方は以下のとおりである。

---

データ集合 $W = \{w_1, \ldots, w_n\}$ を，二つの等しいサイズ† の集合 $L$ と $R$ に分ける。$L$ と $R$ の中身をなんらかの方法でまず整列する。そして整列された $L$ と $R$ を合わせることで全体の整列を得る。

---

† $|W|$ が奇数の場合にはサイズの差が 1 になるように分ける。

---

上で「$L$ と $R$ の中身をなんらかの方法でまず整列する。」と書いた部分は，このマージソート自身を再帰的に用いる。すなわち，すでに整列された二つのリ

ストと $L$ と $R$ を入力して，それらを合わせることでソートされた整列 $W$ を出力するアルゴリズムを $\mathrm{MergeTwoToOne}(L, R; W)$ とすると，マージソートアルゴリズムは以下のように表記できる。

**Procedure** $\mathrm{MergeSort}(W)$

**begin**

  **if** $W \geq 2$ **then**

    $W$ をサイズの差がたかだか 1 の二つの集合 $L$ と $R$ に任意に分割する。

    **call** $\mathrm{MergeSort}(R)$

    **call** $\mathrm{MergeSort}(L)$

    **call** $\mathrm{MergeTwoToOne}(L, R; W)$

  **endif**

**end.**

$\mathrm{MergeTwoToOne}(L, R; W)$ を実現する方法をつぎに述べる。表記をシンプルにするため，$|W| = n$ を偶数とし，$|L| = |R| = n/2$ とする。$L$ と $R$ はおのおのリストあるいは配列で $L[n/2]$，$R[n/2]$ のように実現されているものとする。$L, R$ 内はおのおの整列されているので

$$L(1) \leq L(2) \leq \cdots \leq L\left(\frac{n}{2}\right), \qquad R(1) \leq R(2) \leq \cdots \leq R\left(\frac{n}{2}\right)$$

となっている。これをマージして $W[n]$ を得るのが目的である。

その考え方は以下のとおり。

まず $R(1)$ と $L(1)$ を比較し，小さいほうを $W(1)$ に入れる[†]。仮に $R(1)$ が $W(1)$ に入れられたとすると，今度は $R(2)$ と $L(1)$ を比較して，小さいほうを $W(2)$ に入れる。このように，つねに $R$ と $L$ で残っているものの中の最小のもの同士を比較して小さいほうを $W$ の現時点での最後尾に入れる，という操作を繰り返す。この結果どちらかが空になれば，残ったほうのデータをすべて $W$ の最後尾に入れれば，整列された $W$ を得る。

> † 同じ場合はどちらでもよいが，例えば $L(1)$ を入れるなどと決めておく。これは以下の操作でも同じ。

このアルゴリズムの例を図 **3.3** に示す。

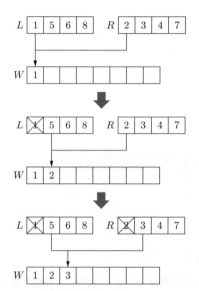

図 **3.3** MERGETWO TOONE の例

アルゴリズムの形式的表記は以下のとおりである。アルゴリズムの表記を簡単にするために，$L(n/2+1) = R(n/2+1) = \infty$ としておく。

**Procedure** MERGETWOTOONE($L[n/2], R[n/2]; W[n]$)
**begin**
  $i_L := 1, i_R := 1, j = 1$
  **do while** $i_L \leq n/2$ or $i_R \leq n/2$
    **if** $L(i_L) \leq R(i_R)$ **then**
      $W(j) := L(i_L), i_L := i_L + 1$
    **else**
      $W(j) := R(i_R), i_R := i_R + 1$
    **endif**

$j := j+1$
**enddo**

**end.**

マージソートの例を図 **3.4** に示す。

図 **3.4** マージソートの例

### 3.3.2 マージソートの計算時間

MergeToOne($L, R; W$) の計算時間は $O(|W|)$ 時間。問題は MergeSort を再帰的に行う部分の計算時間の解析である。再帰の深さは $\lg n$ 回で，$k$ 段目の深さの再帰呼び出しの際には長さ $n/2^k$ の長さの列に対する呼び出しを $2^k$ 回行っている。したがって，1 段の再帰に要する計算時間は $O((n/2^k) \cdot 2^k) = O(n)$ となり，これを $\lg n$ 回繰り返すので，全体の計算時間は $O(n \log n)$ 時間である。

## 3.4 クイックソート

### 3.4.1 クイックソートのアルゴリズム

クイックソート（quick sort）はその名のとおり，とても速い整列アルゴリズムである。実際のアプリケーションで用いられている整列のほとんどすべてがクイックソートに基づいてると断言しても問題ないほど，その性能差は歴然としている。

3.4 クイックソート 49

クイックソートの考え方は簡単である。なお，説明を簡単にするために，データのキーはすべて異なっていると仮定しておく。

---

ランダムに一つのデータ $w_i$ を選び，その値より小さいデータ $S(w_i)$ と大きいデータ $L(w_i)$ に分ける（$S(w_i)$ に属するデータ，$w_i$，$L(w_i)$ に属するデータ，という順に並べ替える）。そして $S(w_i)$ と $L(w_i)$ に対し，おのおの独立にこの操作を再帰的に適用していく。

---

実例で見ていこう。初期値として数列

$$7, 3, 8, 1, 6, 9, 4, 2, 5$$

が与えられているとする。まずランダムに一つの要素を選ぶ。これを**ピボット**（pivot）と呼ぶ。例えばまずピボットとして4が選ばれたとする。すると上の数列は4より小さいデータは4の前に，4より大きいデータは4の後ろに移動され

$$3, 1, 2; 4; 7, 8, 6, 9, 5$$

となる。ここで前半の数列 $3, 1, 2$ と後半の数列 $7, 8, 6, 9, 5$ におのおの独立に再帰的に同じアルゴリズムを適用していくことにより，おのおのを整列させ，全体の整列を得る。

クイックソートのアルゴリズムの形式的表記は以下のとおりである。

**Procedure** QUICKSORT($W$)

**begin**

    **if** $W \geqq 2$ **then**

1      $W$ より一様ランダムに一つのキー $w_p$ を選ぶ。

2      $w_p$ より小さいデータの集合 $S$ と，大きいデータの集合 $L$ に分割する。

3      **call** QUICKSORT($S$)

4      **call** QUICKSORT($L$)

5      $S$, $w_p$, $L$ をこの順に並べ，$W$ とする。

50    3. 整      列

**endif**

**end.**

### 3.4.2　クイックソートの計算時間

　クイックソートの計算時間の算出は，マージソートと同様な方法で行える。すなわち，1 回の再帰で $O(n)$ 時間かかることから，$O((再帰の回数) \times n)$ 時間と見積もることができる。しかし再帰の回数はマージソートと異なり最悪 $n-1$ 回になりうる。それは例えば，毎回最小あるいは最大のデータがピボットとして選ばれつづけたとすれば，1 回の再帰でそのピボットが外されるのみで，残りの数列は $S = \emptyset$ か $L = \emptyset$ となるので，扱う数列の長さは 1 縮まるのみであり，再帰の回数は $n-1$ 回になりうる。

　したがってクイックソートの最悪計算時間は $O(n^2)$ 時間である。

　しかし，この節の最初に「クイックソートはその名のとおり，速い整列アルゴリズム」だと書いたことを覚えておられるであろう。$O(n^2)$ 時間というのは，前述のマージソートの計算時間の $O(n \log n)$ と比べ，明らかに大きい。これはどういうことであろうか？

　実はクイックソートは最悪計算時間で見積もると確かによくないが，平均計算時間という観点からは高速なのである。つまり，最悪計算時間の $O(n^2)$ になることは，確率的にたいへん小さい。実際，ランダムに選んだピボットが最大あるいは最小になる確率はわずか $2/n$，下からあるいは上から $c$ 番目（$c$ は定数）以下としても確率 $2c/n$ であり，$n$ がある程度大きければ，十分小さく，それが毎回のように起きる確率はさらに小さく，現実的には無視できるのである。

　ピボットがちょうど真ん中のデータでなくとも，毎回の $S$ と $L$ の大きさの比が定数で抑えられていれば，再帰の回数は $O(\log n)$ 回になり，アルゴリズムの計算時間は $O(n \log n)$ 時間となる。

　このことを数学的に確かめてみよう。

　○**補題 3.1**　　　クイックソートの平均計算時間は $O(n \log n)$ 時間である。

3.5 バケットソート　　51

[証明]　　再帰の回数の期待値を見積もる。$n$ 個のデータからピボットを一様ランダムに一つ選んだとき，それが中間値 $\pm n/4$ 番目に入る確率は $1/2$ であり，この場合には，$S$ と $L$ の長さはどちらも $W$ の長さの $3/4$ 以下になる。したがって平均的に $2$ 回の再帰ですべての列の長さが $3/4$ 以下になる。したがって $k$ 回の再帰の結果，最も長い列の長さの期待値を $\ell(k)$ とおくと，つぎの式が成立する。

$$\ell(k) \leqq \left(\frac{3}{4}\right)^{k/2} n \tag{3.1}$$

クイックソートの再帰の回数の期待値を $k^*$ とすると，$\ell(k^*) \leqq 1$ が成立すればよいが，そのためには式 (3.1) より，つぎの式が成立すれば十分である。

$$\left(\frac{3}{4}\right)^{k^*/2} n \leqq 1$$

したがって

$$n \leqq \left(\frac{4}{3}\right)^{k^*/2} = \left(\frac{2}{\sqrt{3}}\right)^{k^*}$$

$$\therefore \quad k^* \geqq \log_{2/\sqrt{3}} n = \frac{\lg n}{\lg \dfrac{2}{\sqrt{3}}}$$

$k^*$ の値は，最後の不等式が成立する最小の整数値をとれば十分なので，再帰の回数 $k^*$ はたかだか $\lg n / \{\lg(2/\sqrt{3})\} + 1 = O(\log n)$ 回でよい。$1$ 回の再帰に必要な計算時間は $O(n)$ なので，全体で $O(n \log n)$ 時間となる。　　□


## 3.5　バケットソート

### 3.5.1　バケットソートのアルゴリズム

バケットソート（bucket sort）はこれまで紹介したバブルソートやクイックソート，さらには後で紹介するヒープソートとは少々性質が違っている。というのは他の整列法ではキーが整数値というのは本質的ではない[†] のだが，バケットソートにおいてはキーの整数性をフルに利用している。すなわち，キーの候補が $K$ 通りしかないとわかっている場合，バケットソートは $O(n + K)$ 時間

---

†　キーが有理数やあるいは実数でも本質的に同じアルゴリズムが使える。

で実行可能なのである．つまり，例えばキーの候補が $O(n)$ 個しかない場合には線形時間で動作する．ただし通常はキーの候補はたいへん多い（例えば二進 $p$ 桁の自然数とすれば $2^p$ 通りある）ので，そういう場合にはバケットソートは不向きである（その場合には，バケットソートのつぎに紹介する基数ソートが適している）．

バケットソートのアルゴリズムの概要は以下のとおり．なお簡単のためキーの候補は $\{1,\ldots,K\}$ としておく．

---

おのおののキー $k \in \{1,\ldots,K\}$ に対応するバケット $B_k$ を用意しておき，データ $w_i$ を $k = w_i$ となるバケット $B_k$ に入れていく．各バケット $B_k$ の中身はリスト構造で表現すればよい．すべての $w_i$ $(i = 1, \leq n)$ をバケットに入れてしまったら，最後にバケットの中身を $B_1, B_2, \ldots$ の順に並べれば整列を得る．

---

バケットソートの例を図 **3.5** に示す．ここでは太郎～十郎の 10 名が 5 点満点の試験をし，その得点が図 ( a ) に記してある．それに基づいて得点の高い順に

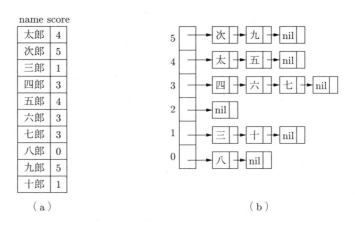

図 **3.5** バケットソートの例

整列するのにバケットソートを用いている。図 ( b ) のように 5 点，4 点，$\cdots$，0 点の六つのバケット（リスト）を用意し，各人をその得点に従って，該当するリストに入れ，そのリストを $5, 4, \ldots, 0$ の順に接続したものが図 ( c ) である。

### 3.5.2 バケットソートの計算時間

バケットソートの計算時間を見積もる。

一つのデータをバケットに入れる操作は $O(1)$ 時間でできるので，$n$ 個のデータをすべてバケットに入れるには $O(n)$ 時間でよい。また，$K$ 個のバケットの中身をつなげるにはリストをつなげればよいので，$O(K)$ 時間でできる。したがって全体で $O(n + K)$ 時間で実行できる。

## 3.6 基 数 ソ ー ト

### 3.6.1 基数ソートのアルゴリズム

バケットソートを数字の桁ごとに行うことで，大きな数字に対しても少ないメモリで高速に整列ができる。これを**基数ソート**（radix sort）という。ここでいう「桁」は，2 進法でも 10 進法でもなんでもよい。そのアルゴリズムの具体的な説明としては以下で尽くされている。

> 小さい桁から順にバケットソートを実行していく。

具体例を見てみよう。まず入力としてつぎの 12 個の数字が与えられたとする。

$$321, 650, 23, 2, 106, 226, 250, 126, 372, 47, 215, 33$$

まず最初に 1 の桁の数値でバケットソートを行うことで，つぎの列を得る。なお，わかりやすいようにすべての数字を 3 桁で表記し，そのとき整列に使用された桁を太字で示してある。

$$65\mathbf{0}, 25\mathbf{0}, 32\mathbf{1}, 00\mathbf{2}, 37\mathbf{2}, 02\mathbf{3}, 03\mathbf{3}, 21\mathbf{5}, 10\mathbf{6}, 22\mathbf{6}, 12\mathbf{6}, 04\mathbf{7}$$

54    3. 整　　　　　列

つぎに 10 の桁の数値でバケットソートを行うことで，つぎの列を得る。

$$002, 106, 215, 321, 023, 226, 126, 033, 047, 650, 250, 372$$

最後に 100 の桁の数値でバケットソートを行い，つぎの列を得る。

$$002, 023, 033, 047, 106, 126, 215, 226, 250, 321, 372, 650$$

この列が整列されていることが確認できる。


### 3.6.2　基数ソートの計算時間

基数ソートの計算時間は，数字が最大 $p$ 桁の $K$ 進数で表現されているとすると，バケットソートを $p$ 回繰り返すだけなので，$O(p(n + K))$ 時間である。


## 3.7　ヒープソート


### 3.7.1　ヒープとはなにか

ヒープソート（heap sort）はヒープ（heap）というデータ構造を用いた整列アルゴリズムであり，$n$ 個のデータの整列に要する時間は最悪時間で評価しても $O(n \log n)$ 時間である[†]。ヒープというのは，単に固定された $n$ 個のデータを整列するだけの役割ではなく，新たなデータが加わったり，データが削除されたりしてもそれに対応して動的に昇順（あるいは降順）にデータ順を効率的に保ちつづけることができる。

詳しく説明するために，用語と記号を定義しておく。

集合 $V$ の任意の要素 $v \in V$ に対して，数値（キー）$w(v)$ が与えられている。$H$ を操作時点でのヒープ（あるいはその要素集合）とする。以下の操作を考える。

---

[†]　したがって最悪計算時間という尺度ではヒープソートはクイックソートに優る。ただしクイックソートで $\omega(n \log n)$ 時間かかってしまうことはきわめてまれであるので，個々の操作が単純である分，実用上はクイックソートのほうが速い。

- INSERT$(H, v)$ $(v \notin H)$：$H$ に（キー $w(v)$ をもつ）要素 $v$ を加える。

- DELETE$(H, v)$ $(v \in H)$：$H$ から（キー $w(v)$ をもつ）要素 $v$ を削除する。ただし，$v$ の $H$ 内での位置は $O(1)$ 時間でわかるものとする。

- DELETEMIN$(H)$：$H$ からキーの値が最小の要素を一つ削除する。

ヒープは以上の操作をそれぞれ $O(\log n)$ 時間で行うことができる（ただし $n$ はその操作を行うときの $H$ に含まれるデータの数 $|H|$ を表す）。

データの構造は根付き木である。

> もしこれを木ではなく，単なるリスト構造にした場合，いくつかの操作に $\Omega(n)$ 時間要してしまう。例えば，もしデータの並びが無秩序だったなら，INSERT と DELETE は定数時間でできる[†1]が，DELETEMIN を実行するためには最小のデータを探す必要があり，そのためにはデータを一通り読む必要があるので，$\Omega(n)$ 時間要する。もしデータをキーの昇順に並べて保存してあるならば，（つねに先頭のデータが最小のキーをもつので）DELETEMIN および DELETE を実行するのは定数時間で行えるが，今度は INSERT を実行するのに，データを挿入する場所を探すのに $\Omega(n)$ 時間必要となる[†2]。

### 3.7.2　ヒープの構造

ヒープの構造は根付き完全二分木 $H$（**2.3.2 項** 参照）で表現される。完全二分木なのでヒープ $H$ は配列 $H[n]$ を用いて表現できる。ヒープ $H$ の各頂点 $i \in \{1, \ldots, n\}$ にデータが一つずつ対応している。頂点 $i$ に対応しているデータのキーを $H(i)$ と表す。以後簡単のため $H(i)$ を $i$ の**重み**と呼ぶことにする。

---

[†1] DELETE$(S, v)$ の場合，データ $v$ の場所は $O(1)$ で見つかる構造にしておく。「数値 $a$ を入力し，$a = w(v)$ であるデータを探して削除する」ということではないことに注意。こういう操作が必要な場合は，5 章の「二分探索木」を参照のこと。

[†2] 二分探索を使えばよいと思われるかもしれないが，配列ではなくリスト構造にした場合，「前から $k$ 番目のデータがなにか」という質問には定数時間では答えられない。もちろんそれを指定するデータ構造を付与しておけばできるが，そうすると今度はデータの挿入・削除の際に，そのデータを保つのに余計な（1 回当り線形の）計算時間がかかる。

頂点 $i \in \{1,\ldots,n\}$ の親，左の子，右の子をそれぞれ $p(i)$, $\mathrm{child}_1(i)$, $\mathrm{child}_2(i)$ と表現する．**2.3.2 項**で述べたようにつねに $p(i) = \lfloor i/2 \rfloor$, $\mathrm{child}_1(i) = 2i$, $\mathrm{child}_2(i) = 2i + 1$ が成立している．

ヒープは以下の構造を保持していなければならない．

---
**ヒープ条件**：任意の頂点 $i \in \{1,\ldots,n\}$ に対して，$H(p(i)) \leqq H(i)$ が成立する．

---

すなわち，子の重みより親の重みがつねに重くない（すなわち，軽いか等しい）ようにしてある．図 **3.6** にヒープの例を掲げておく．

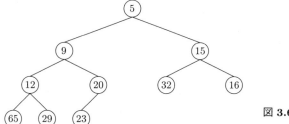

図 **3.6** ヒープの例

ヒープにおいて $H(1)$ の頂点は根であるが，根には親頂点 $p(1)$ はない．また，葉には子がない．アルゴリズムを記述する際に，これらの場合分けを記述するのは煩雑であるので，本書では便宜的に

$$H(p(1)) = -\infty, \qquad H(k) = \infty \quad (k > n) \tag{3.2}$$

としておく．

### 3.7.3 INSERT の方法

すでにヒープ $H$ が与えられているとして，INSERT, DELETE, DELETEMIN の各操作を $O(\log n)$ 時間で実行する方法を示す．

**Procedure** INSERT$(H, v)$
**begin**

**Step 1** データは現在 $H(n)$ まで使用しているが、データ数が一つ増えて $n+1$ になるので、とりあえず $H(n+1)$ に $v$ のデータを入れる。すなわち

$$H(n+1) := w(v)$$

とする。ここで $i := n+1$ としておく。

**Step 2** もしここで $H(p(i)) \leq H(i)$ ならば、ヒープ条件を満たしているので[†] これで終了である。しかし、$H(p(i)) > H(i)$ の場合は、ヒープ条件を満たしていないので修正する必要がある。すなわち

$$H(p(i)) \rightleftharpoons H(i)$$

このように親と子のデータを入れ替える。

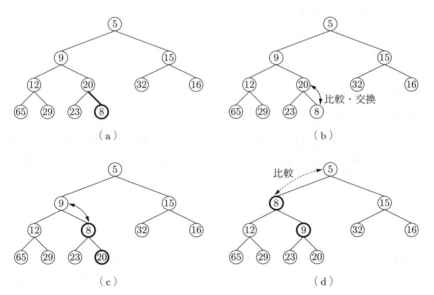

**図 3.7** INSERT の例（まず ( a ) キー 8 をもった新しい葉が用意される。( b ) つぎにその親のキー 20 と比較して、8 のほうが小さいので、キーを入れ替える。( c ) 同様に、新しい親のキー 9 と比較して、また 8 のほうが小さいので、キーを入れ替える。( d ) その親のキーは 5 であり、8 のほうが大きいので、ここで交換は終わり、新しいヒープが確定する）

---

[†] 他の親子には影響がないことに注意。

58    3. 整    列

**Step 3** 上の入替えによって $p(i)$ の値が小さくなるので，今度は $p(i)$ と $p(p(i))$ の間のヒープ関係が壊れている可能性がある[†1]。したがって $i := p(i)$ とおき直して，Step 2 に戻る。

**end.**

図 3.6 のヒープにキーが 8 であるデータを挿入する例を図 **3.7** に示しておく。

このアルゴリズムの手間は Step 2 で行う入替えの回数で見積もることができる。入替えの操作は葉から親へ親へ移動していき，途中でもし止まらなくても根に到達すれば必ず停止する。

したがって入替えの回数は木の高さで抑えられ，それは $O(\log n)$ である。よって 1 回の INSERT の計算時間は $O(\log n)$ 時間である。


### 3.7.4 DELETEMIN の方法

DELETE を説明する前に，DELETEMIN のアルゴリズムを説明する。

**Procedure** DELETEMIN($H$)

**begin**

**Step 1** $H$ において最小のデータは $H(1)$ のデータであるので，これを削除したい。単純に $H(1)$ を消したのではヒープの構造が壊れるので，最後尾，すなわち $H(n)$ のキー（$w(v)$ とする）を $H(1)$ に移動する。すなわち

$$H(1) := w(v)$$

とする[†2]。ここで $i := 1$ としておく。

**Step 2** もしここで $H(i) \leq \min\{H(\mathrm{child}_1(i)), H(\mathrm{child}_2(i))\}$ ならばヒープ条件を満たしているので，これで終了である。しかし $H(i) > \min \{H(\mathrm{child}_1(i)), H(\mathrm{child}_2(i))\}$ の場合はヒープ条件を満たしていないの

---

[†1] もし $i$ に子があったとしても（$i = n+1$ の場合は明らかに子はないが，2 回目以降の繰り返しではその状況になる）$H(i)$ の値は小さくなっているので，これまで保たれていた子との間のヒープ関係が壊れることはない。

[†2] データの総数を $n-1$ と記憶し直すことで $H(n)$ のデータは無視されるので，わざわざ $H(n)$ を消去する必要はない。

で修正する必要がある。

すなわち二つの子のうちの小さいほう（正確には，大きくないほう）と中身を入れ替える必要がある。具体的には，ここで仮に $H(\text{child}_1(i)) \leqq H(\text{child}_2(i))$ であったとする（逆の場合も同様なので，その説明は省略する）と，つぎの操作を実行する。

$$H(i) \rightleftharpoons H(\text{child}_1(i))$$

**Step 3** 上の入替えによって $H(\text{child}_1(i))$ の値が大きくなるので，今度は $\text{child}_1(i)$ とその子達との間のヒープ関係が壊れている可能性がある。したがって $i := \text{child}_1(i)$ とおき直して，Step 2 に戻る。

**end.**

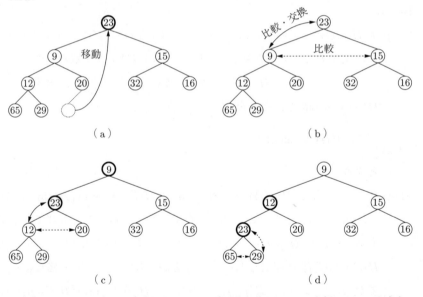

図 **3.8** DELETEMIN の例（まず，( a ) 一番最後の葉のキー 23 を根のキーに上書きする（根のキーは削除される）。( b ) つぎに根の二つの子のキーの 9 と 15 を比較し，その小さいほうの 9 と根のキー 23 をさらに比較し，その結果 23 のほうが大きいので，キー 23 と 9 を交換する。( c ) つぎに新たにキー 23 をもった頂点の二つの子のキー 12 と 20 を比較し，小さいほうのキーの 12 と 23 を比較し，その結果 23 のほうが大きいので，キー 23 とキー 12 を交換する。( d ) 同様に新たにキー 23 をもった頂点の二つの子のキー 65 と 29 を比較し，小さいほうのキーの 29 と 23 を比較し，その結果 23 のほうが小さいので，キーを交換せず，そこで終了する）

60    3. 整　　　　　列

図 3.6 のヒープに DELETEMIN を適用した例を図 **3.8** に示す。このアルゴリズムの手間は Step 2 で行う入替えの回数で見積もることができるが，INSERT と同様に木の高さで抑えられ，それは $O(\log n)$ である。よって 1 回の DELETEMIN の計算時間は $O(\log n)$ 時間である。

### 3.7.5 DELETE の方法

DELETE$(H, v)$ を実行する場合は，$v$ がヒープ内のどこに格納されているかを $O(1)$ 時間で見つけられる構造にしておく必要があるが，それは $v$ からのポインタを用意しておくなどすればよい。以下ではそう仮定して話をする。

**Procedure** DELETE$(H, v)$

**begin**

**Step 1** $H$ における $v$ のアドレスを $i$ とする（すなわち $H(i) = w(v)$）。データは現在 $H(n)$ まで使用しているが，削除後はデータ数が一つ減って $n - 1$ になるので，$H(n)$ に格納されているデータ（$w(u)$ とする）を $H(n)$ より削除し，それを $H(i)$ へ上書き，すなわち

$$H(i) := w(u)$$

とする。

**Step 2** もしここで $H(p(i)) \leqq H(i)$ かつ $H(i) \leqq \min\{H(\mathrm{child}_1(i)),$ $H(\mathrm{child}_2(i))\}$ ならばヒープ条件を満たしているので，これで終了である。しかし $H(p(i)) > H(i)$ もしくは $H(i) > \min\{H(\mathrm{child}_1(i)),$ $H(\mathrm{child}_2(i))\}$ の場合はヒープ条件を満たしていないので修正する必要がある。ここで，$H(p(i)) > H(i)$ と $H(i) > \min\{H(\mathrm{child}_1(i)),$ $H(\mathrm{child}_2(i))\}$ は同時には成立しないことに注意しよう[†]。

そこでそれぞれに場合分けできるが，$H(p(i)) > H(i)$ の場合は，INSERT の Step 2～3 とまったく同様であり，$H(i) > \min\{H(\mathrm{child}_1(i)),$

---

[†] なぜならば $H(i)$ を書き換える前はヒープ条件を満たしていたので，$H(p(i)) \leqq \min\{H(\mathrm{child}_1(i)), H(\mathrm{child}_2(i))\}$ でなければならない。

$H(\mathrm{child}_2(i))\}$ の場合は，DELETEMIN の Step 2〜3 とまったく同様
である。

**end.**

1 回の DELETE 計算時間は INSERT や DELETEMIN と同様，木の高さで抑
えられるので，$O(\log n)$ 時間である。

### 3.7.6 ヒープソートのアルゴリズム

以上で INSERT，DELETE，DELETEMIN の操作を説明した。これらを利用
すれば，$n$ 個のデータの整列を $O(n \log n)$ 時間で行うことができる。

---

まず，最初に空のヒープ $H$ を用意しておき，それに $w_1, \ldots, w_n$ を順に
INSERT する。その後，DELETEMIN を $n$ 回実行し，取り出された順に並
べればデータは整列されている。

---

この計算時間を見積もる。各 INSERT と DELETEMIN におけるヒープ内の
データ数は $n$ 以下なので，1 回当り $O(\log n)$ 時間ででき，それを INSERT と
DELETEMIN おのおの $n$ 回ずつ行うので，全体の計算時間は $O(n \log n)$ 時間
となる。

> なお，この計算時間の見積りは大き過ぎないことを説明しておこう。例え
> ば INSERT の最初のほうのデータ量は確かに $n$ よりずっと少ないので 1
> 回当り $O(\log n)$ よりももっと少ない時間でできると思われる。しかし，
> ヒープ内のデータが $n/2$ 以上になるとヒープの高さは $\lg n - 1$ 以上とな
> るので，計算時間は少なくとも $\Omega\{(n/2) \times (\log n - 1)\} = \Omega(n \log n)$ 時
> 間必要なのである。

最初に $n$ 個のデータから成るヒープを作成するのに INSERT を $n$ 回行い，
$\Theta(n \log n)$ 時間かけたが，実は少し工夫すれば，この部分は $O(n)$ 時間ででき
る。その方法をつぎで説明する。

### 3.7.7 ヒープの線形時間作成法

**（1） アルゴリズムの概観**　ここでは $n$ 個のデータよりなるヒープを $O(n)$ 時間で作成する方法を説明する．その方法を大まかにいうと以下のとおりである．

> 最初にすべてのデータを，ヒープ条件を無視して完全二分木に入れる．つぎに葉のほうから順に，ヒープ条件を満たすようにしていく．

実行例として図 3.9 を見てみよう．最初にヒープ条件を無視してデータのみ入れた二分木が図 ( a ) である．ここではその後の操作がわかりやすくなるように完全に逆順（大きいほうが上になるよう）にデータが入っている．ここで，葉の部分に注目すると，それを根とする部分木内ではヒープ条件が満たされていることがわかる（葉を根とする部分木は葉のみからなるので，当り前であるが）．そのつぎに，葉からの距離が 1 の各頂点に対し，それを根とする部分木がヒープ条件を満たすように整えたものが図 ( b ) である．これを実行する方法は，その部分木がヒープ全体だとみなした場合，ヒープ条件を満たしていないのは根に関わる部分だけなので，DeleteMin を実行したときに根に移ってき

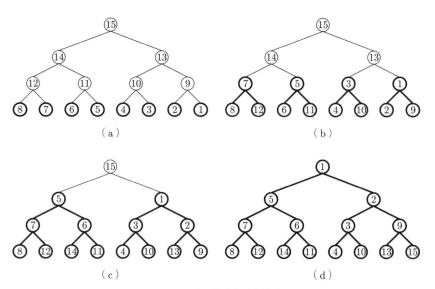

図 **3.9**　ヒープの線形時間作成法の例

たデータを移動させる操作を実行すればよい。同様に，根からの距離が2の各頂点に対し，それを根とする部分木がヒープ条件を満たすように整えたものが図（c）であり，最後に，根からの距離が3の頂点（この場合は根）に対し，それを根とする部分木（すなわちこの二分木全体）がヒープ条件を満たすように整えたものが図（d）である。

この操作にかかる計算時間は，DELETEMIN を $n$ 回実行することと同じことなので，先に述べた INSERT を $n$ 回行う方法となにも変わらないように見えるかもしれない。しかし注意深く観察すると，全体の半分のデータ（図（a）における葉）にはなにもしておらず，1/4 のデータには高さ1の木に対する DELETEMIN に相当する操作しかしておらず，1/8 のデータには高さ2の木に対する DELETEMIN に相当する操作しかしておらず… のように，高さ $i$ の木に対しての DELETEMIN に相当する操作はだいたい $1/2^{i+1}$ 回しか実行していないことに気づけば，計算量がかなり削減されている可能性に気づくであろう。このことを以下で正しく示す。

**（2）計算時間** $n$ 個のデータより成る完全二分木 $H'[n]$ が整数 $k$（$1 \leq k \leq n$）について **$k$ 擬似ヒープ** であるとは，後ろの $k$ 個のデータ，すなわち $H'(n-k+1)$, ..., $H'(n)$ のデータ間についてはヒープ条件（56ページ参照）を満たしていることをいう。

定義から，$n$ 擬似ヒープはすなわち通常のヒープである。また，ヒープにおいて，少なくとも後ろの $\lceil n/2 \rceil$ 個のデータ（すなわち $H'(\lfloor n/2 \rfloor +1)$, ..., $H'(n)$）は葉であるので，$H'[n]$ 内のデータがどんな並びであっても，$k \leq n/2$ に対しては必ず $k$ 擬似ヒープになっていることに注意しよう。

ヒープ作成アルゴリズムの概要は以下のとおりである。

まず完全二分木 $H[n]$ 内に $n$ 個のデータを任意の順番で格納する。このとき，$H[n]$ は $k = \lceil n/2 \rceil$ に対し，$k$ 擬似ヒープである。$k$ を一つずつ大きくしていき，最終的に $n$ 擬似ヒープ，すなわちヒープにするのである。

このためには $(k-1)$ 擬似ヒープを $k$ 擬似ヒープにする手順が必要となる。そのアルゴリズムを以下に示すが，これは $H[k]$ の $H(k)$ を根とする部分木に

着目すると，DELETEMIN の Step 2 以降で，根に入れたデータを適切な位置に移動させる手順とまったく同じである。

**Procedure** PSEUDOHEAP$(H[n], k)$

**begin**

  $i := k$

  **do while** $H(i) > \min\{H(\mathrm{child}_1(i)), H(\mathrm{child}_2(i))\}$

    **if** $H(\mathrm{child}_1(i)) \leqq H(\mathrm{child}_2(i))$ **then** $j := \mathrm{child}_1(i)$ **else** $j := \mathrm{child}_2(i)$

**endif**

    $H(i) \rightleftharpoons H(j)$

    $i := j$

  **enddo**

**end.**

これを利用してヒープを作成するアルゴリズムは以下のように記述できる。

**Procedure** MAKEHEAP$(H)$

**begin**

  $n$ 個のデータを任意の順番で $H[n]$ に格納する

  **do from** $k = \lceil n/2 \rceil + 1$ **to** $n$

    **call** PSEUDOHEAP$(H[n], k)$

  **enddo**

**end.**

これの計算時間が $O(n)$ になることを確かめておこう。上のアルゴリズムは一見，INSERT を $n$ 回行っているのと同じように見える。しかし，INSERT を $n$ 回行った場合は，ヒープの上からヒープ条件を満たすように整頓していくが，MAKEHEAP においては葉のほうから整頓していく。これが実は計算量に効いてくるのである。

◦ **補題 3.2**　$\textsc{PseudoHeap}(H[n], k)$ における入替えの回数は $k \leq (1 - 1/2^h)n + 1$ ならば $h + 1$ 以下である。

〔証明〕　ヒープにおいて頂点 $H(n-k-1)$ の深さは $\lg(n-k+1)-1$ 以上であり，$n$ 頂点のヒープの高さはたかだか $\lg n$ である。したがって頂点 $H(n-k+1)$ から最も遠い子孫までの距離は $\lg n - \lg(n-k+1) + 1 = \lg\{2n/(n-k+1)\}$ となるが，これは $\textsc{PseudoHeap}(H[n], k)$ における入替え回数の上界値でもある。したがって $k \leq (1 - 1/2^h)n + 1$ ならば

$$\lg \frac{2n}{n-k+1} \leq \lg \frac{2n}{n/2^h} = \lg 2^{h+1} = h + 1$$

となる。　　　　　　　　　　　　　　　　　　　　　　　　　　　　□

◎ **定理 3.1**　$n$ 個のデータを用いた $\textsc{MakeHeap}$ の計算時間は $O(n)$ 時間である。

〔証明〕　$\textsc{MakeHeap}$ における入替えの総数を $s$ とすると補題 3.2 より

$$s \leq \sum_{h=1}^{\lceil \lg n \rceil} \frac{n}{2^h}(h+1) < n\left(\frac{2}{2} + \frac{3}{4} + \frac{4}{8} + \frac{5}{16} + \cdots\right)$$
$$< n\left(1 + \frac{3}{4} + \left(\frac{3}{4}\right)^2 + \left(\frac{3}{4}\right)^3 + \cdots\right)$$
$$= 4n$$

したがって計算量も $O(n)$ 時間である。　　　　　　　　　　　　　□

## 3.8　整列計算時間の下界値

以上いくつか整列アルゴリズムを見てきたが，バケットソートや基数ソートのような特殊な条件をもつものを除くと，計算量の下界値は $\Omega(n \log n)$ となっている。実はある仮定の下では，これが最良の値であり，これ以上改善できないことがわかっている。ここで示す証明は情報理論的な限界を用いたものであり，アルゴリズムの下界値証明の代表的なものである。

66    3. 整　　　　　列

その仮定とは以下のものである。

**仮定 3.1**　　比較のアルゴリズムは，1 ステップで二つのデータのキーを比較してその大小を調べることができ，その比較操作を何回か行い，それらの結果によって整列を決定する。それ以外の要因で整列結果は左右されない。

バケットソートは，二つのデータのキーの比較ではなく，データのキーとバケットの数値との比較を行っているので，上の条件に該当しない。

---

◎ **定理 3.2**　　仮定 3.1 の下では，$n$ 個のデータの整列アルゴリズムは $\Omega(n \log n)$ 時間必要とする。

$\boxed{\text{証明}}$　　二つのデータのキー（$w_i$ と $w_j$ とする）の比較の結果は $w_i > w_j$，$w_i < w_j$，$w_i = w_j$ の 3 通りで，それ以外にはない。すなわち 1 回の比較によって 3 通りの場合分けを行うことができる。すると $k$ 回の比較によってできる場合分けはたかだか $3^k$ 通りである。

一方，$n$ 個のデータの整列結果は $n!$ 通りあり得る。これらすべてがアルゴリズムの出力として可能性があるようにするためには

$$3^k \geq n!$$

でなければならない。したがって以下の式が成り立つ。

$$k \geq \log_3(n!) \geq \log_3 \left(\frac{n}{2}\right)^{n/2}$$
$$= \frac{n}{2}(\log_3 n - \log_3 2)$$
$$= \Omega(n \log n)$$

$\square$

---

# 演 習 問 題

【1】　クイックソートにおいて，$W = \langle w_1, \ldots, w_k \rangle$ からピボットを選択する際に，無作為ではなくつねに $w_{\lfloor k/2 \rfloor}$ を選ぶとした場合，再帰の回数がなるべく多くなるような入力列を求めよ。

プログラム演習　　67

【2】　整数集合 $\{1, \ldots, n\}$ の任意の順列 $\langle \sigma(1), \sigma(2), \ldots, \sigma(n) \rangle$ が与えられるとする。これを整列することが $O(n)$ 時間でできることを示せ。

【3】　単純グラフ $G = (V, E)$ のデータが隣接リストで与えられているとする。

(1) このとき，頂点の ID を次数が昇順になるように並べ替える，すなわち頂点の ID が $1, \ldots, n$ の整数で与えられており，頂点 $i$ の次数を $\deg(i)$ とするとき，順列 $\sigma : \{1, \ldots, n\} \to \{1, \ldots, n\}$ で $\deg(\sigma(1)) \leq \deg(\sigma(2)) \leq \cdots \leq \deg(\sigma(n))$ であるようなものを求めることが線形時間でできることを示せ。

(2) さらに，上に加えて，各頂点に対し，その隣接頂点が隣接リストに現れる順番を，次数の昇順に並べ替えることを，頂点全体に対して線形時間で行うことが可能であることを示せ。

【4】　任意の個数のデータの並び $W$ が与えられたとき，その中でちょうど中間のキーの値をもつデータ（二つ以上ある場合にはそのうちの一つ）を $W$ のサイズに関係なく $O(1)$ 時間で返す $\mathrm{FindMid}(W)$ というサブルーチンが使えるものとする。これを利用して $n$ 個のデータを整列する $O(n)$ 時間のアルゴリズムを与えよ。ただし，$\mathrm{FindMid}(W)$ は中間のデータを一つ出力するのみで，残りのデータをそれより大きいものと小さいものに分けるわけではないことに注意すること。

【5】　(1) ヒープは完全二分木上で定義されているが，これに準ずる形で完全三分木を定義し，その上でのヒープを考え「三分木ヒープ」と呼ぶことにする。この三分木ヒープにおける挿入と削除のアルゴリズムが通常の二分木ヒープと異なる点を説明せよ。またその計算時間をヒープ内の頂点数を $n$ として，オーダー表記で示せ。

(2) さらに完全 $k$ 分木に拡張した $k$ 分木ヒープを定義し，そのときの挿入と削除のアルゴリズムの計算時間をヒープ内の頂点数 $n$ と $k$ を用いてオーダー表記で示せ。

# プログラム演習

【1】　クイックソートのプログラムをつくり，$\{1, \ldots, n\}$ のランダムな入力を与えて整列の時間を計測し，$n$ の増加に伴う計算時間の増加を調べ，それが $n \log n$ に比例しているかどうか確かめよ。

【2】　バブルソートとバケットソートのプログラムを作成し，プログラム演習【1】で作成したクイックソートのプログラムも合わせて三者の計算時間を比較せよ。

# 4 集合に関する操作

## 4.1 主な操作とデータ構造

集合を扱う命令として主なものを挙げておく。

- UNION$(A, B, C)$: $C := A \cup B$ とする。
- INTERSECTION$(A, B, C)$: $C := A \cap B$ とする。
- DIFFERENCE$(A, B, C)$: $C := A - B$ とする。
- EMPTY$(A)$: 空集合 $A$ を準備する。
- MEMBER$(x, A)$: $x \in A$ ならば真（true），$x \notin A$ ならば偽（false）を出力する。
- INSERT$(x, A)$: $A := A \cup \{x\}$ とする。
- DELETE$(x, A)$: $A := A - \{x\}$ とする。

$n$ 以下の正整数の集合 $\boldsymbol{N}_n = \{1, \ldots, n\}$ が全体集合である場合を考える。$n$ があまり大きくない場合には，大きさ $n$ の配列 $A[n]$ によって集合 $A \subseteq \boldsymbol{N}_n$ を，その特性関数（**8.1** 節 参照）を表現することで以下のように表すことができる。

$$A(i) = \begin{cases} 1, & \text{if } i \in A \\ 0, & \text{if } i \notin A \end{cases}$$

例として，$n = 10$, $A = \{2, 3, 5, 9\}$ を表現する配列を図 **4.1** に示す。配列を使った場合，前述の操作のうち MEMBER, INSERT, DELETE は $O(1)$ 時間でできるが，UNION, INTERSECTION, DIFFERENCE は $\Theta(n)$ 時間要する。

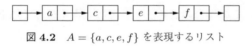

図 4.1　$n = 10, A = \{2, 3, 5, 9\}$ を表現する配列

$n$ が大きいときや全体集合がうまく定義できないときは，リストを利用する。例として $A = \{a, c, e, f\}$ を表現するリストを図 4.2 に示す。この場合，$A$ を表現するのに $O(|A|)$ の領域量でよい。また MEMBER, DELETE, INSERT などは $O(|A|)$ の計算時間でできる[†]。しかし UNION, INTERSECTION, DIFFERENCE などは各 $x \in A$ ごとに MEMBER$(x, B)$ を（あるいは各 $x \in B$ ごとに MEMBER$(x, A)$ を）行う必要があるので，$\Theta(|A| \cdot |B|)$ 時間要する。

図 4.2　$A = \{a, c, e, f\}$ を表現するリスト

リストをあらかじめなんらかの順番（例えば昇順）で整列しておけば，UNION, INTERSECTION, DIFFERENCE などは $O(|A| + |B|)$ 時間でできる。ただし，挿入や削除が生じるごとにリストを整理するのに余分な作業が必要となる。

## 4.2　辞　　　書

集合 $A$ に INSERT, DELETE, MEMBER のみが適用されるとき，$A$ を**辞書**（dictionary）という。以下，全体集合が $\boldsymbol{N}_n = \{1, \ldots, n\}$ であるとする。

### 4.2.1　ハッシュ表

辞書 $A$ の各要素 $x \in A$ がどこにあるのかを高速に見つける技術として**ハッシュ関数**（hash function）がある。

ハッシュ関数は

---

[†] INSERT$(x, A)$ は一見 $O(1)$ 時間でできそうだが，$x \notin A$ であるかどうかを判定せずに挿入すると，二重にデータを書き込んでしまうことになるので，MEMBER$(x, A)$ を先に行う必要がある。

$$h : \{1, \ldots, n\} \to \{0, \ldots, b-1\}$$

($b$ は $n$ より十分小さい正整数) という形をしており，$A \subseteq \{1, \ldots, n\}$ を表現するためのデータとして各 $0, 1, \ldots, b-1$ に対応する場所（セル）を用意しておき，各 $x \in A$ をセル $h(x)$ に格納する．

ハッシュ関数は $|A|$ が $n$ に比べて十分小さい場合に効力を発揮する．つまり，$A$ の表現は $n$ より小さい領域で済みながらも，MEMBER$(x, A)$ はセル $h(x)$ を確認するだけで済むので高速にできる．

異なる $x, y \in A$ で $h(x) = h(y)$ となること（衝突）は好ましくないので，$h$ はランダム性を有するものがよい．しかしそのような工夫をしても衝突が生じる可能性がある．その場合の対処法としては大きく分けて以下の二つの方法がある．

- 外部ハッシュ法（open hashing）
- 内部ハッシュ法（closed hashing）

さらに内部ハッシュ法の特殊なものとして

- カッコウハッシュ法（cuckoo hashing）

という技法が存在する．これらについて以下で説明する．

### 4.2.2 外部ハッシュ法

外部ハッシュ法は，同じハッシュ値をもつものをポインタで連結して記憶する方法である．例えば $h(x) = x \pmod{10}$ のとき，$A = \emptyset$ に 5, 32, 80, 12, 27, 35, 42 をこの順番でつぎつぎと INSERT した場合の配列を図 **4.3** に示す．

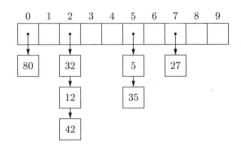

図 **4.3** 外部ハッシュの例

ハッシュ値がランダムであるならば，INSERT，DELETE，MEMBER は平均的に $O(1+|A|/b)$ 時間でできる．

### 4.2.3 内部ハッシュ法

内部ハッシュ法は，ポインタを用いずに大きさ $b$ の配列にすべてを格納する方法である．もちろん $|A| \leq b$ でなければならない．

INSERT$(x, A)$ を実行する際に，セル $h(x)$ が別のデータによってすでに使われている場合は，衝突を回避するために新しいハッシュ値

$$h_i(x), \quad i = 1, 2, \ldots$$

をつぎつぎと求め，最初に見つかった空きセルに $x$ を格納する．$h_i(x)$ の最も簡単なものは

$$h_i(x) = h(x) + i \pmod{b}$$

である．例えば，$h(x) = x \pmod{10}$ のとき，$A = \emptyset$ に 7, 10, 47, 19, 18 をこの順番でつぎつぎと INSERT すると，配列は図 4.4 のようになる．

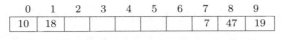

図 4.4  内部ハッシュの例

注意するべきこととして DELETE を実行したときには記号 "deleted" を記入し，一度も使われたことのないセル "empty" と区別することである．MEMBER$(x, A)$ はセル $h(x)$ から始め，$h_1(x)$, $h_2(x)$, ... を順々に調べることで $x$ の存在を判定する．"empty" セルに来るか $h_b(x)$ になっても $x$ が見つからなかったときに $x \notin A$ がわかる（"deleted" で止めてはいけない）．よって DELETE を何度も実行していると "empty" セルが減って "deleted" が増えていくので，MEMBER の実行時間が増えてしまう．したがってある程度 DELETE を実行したら，一度すべてのデータを取り出して再度入れ直す「ゴミ掃除 (garbage collection)」が必要となる．

72    4. 集合に関する操作

## 4.3 カッコウハッシュ

### 4.3.1 カッコウハッシュとはなにか

2001 年に Pagh と Rodler によって提案されたカッコウハッシュ法[34),35)]は，簡便な構造をもちながら，DELETE, MEMBER に要する時間が定数時間，INSERT に要する時間の期待値も定数時間を達成している。

基本構造は内部ハッシュ法と類似しているが，同時に使用するハッシュ関数は二つだけである。そして独創的なのは INSERT でデータが衝突したときの対応である。

---

INSERT の際にデータが衝突した場合（内部ハッシュ法では新しく来たデータが別のセルを探すが），カッコウハッシュでは**新しく来たデータが優先され，古くからあるデータのほうが譲る（押し出される）**。

---

譲った（押し出された）ほうのデータはもう一つのハッシュ関数を使って別のセルに格納される。しかしさらにそこにすでに別のデータがあるかもしれないが，その場合には，そのすでにあったほうのデータが押し出される。こうしてこの「押し出し」の動作は，データがすべて格納されるまでつづけられる。もちろんこれがループに入っていつまでもつづく可能性があるので，あらかじめ定めておいたステップ数（Maxloop とする）つづけても格納が終了しないときには，ハッシュ関数を変えて，すべてのデータを入れ直す（これを**リハッシュ**（rehushing）と呼ぶ）。

前からあったデータが追い出される様子が，托卵されたカッコウのヒナが元々あった卵を押し出す様子からの連想で，カッコウハッシュと命名された。

カッコウハッシュは，ハッシュ関数をつねに二つしか同時に使用しないことから，MEMBER は定数時間で実行できるし，DELETE($x$) も MEMBER($x$) 実行後に見つけたデータを消すだけなので，やはり定数時間でできる。さらに INSERT

も，Maxloop の値を上手く定めることで，上記のリハッシュの手間も含めて，期待値を定数時間にすることができるのである（詳細は後述）。

### 4.3.2 カッコウハッシュの詳細

ここからは同時に格納したいデータ数の上限を $n$ とする。カッコウハッシュにおいて，データを格納する配列は二つ（$R_0$, $R_1$ とする）用意される[†]。おのおのの配列のサイズ $r = |R_0| = |R_1|$ は，$n$ よりやや大きい値，具体的には定数 $\epsilon > 0$ を与え

$$r > (1 + \epsilon)n \tag{4.1}$$

となるように定める。$R_i$（$i \in \{0,1\}$）に対応するハッシュ関数を $h_i$ とする。

MEMBER と DELETE は以下のように容易である。

- MEMBER($x$): $R_0(h_0(x))$ と $R_1(h_1(x))$ の両方を見て，どちらかに $x$ が入っていれば真，入っていなければ偽を出力する。

- DELETE($x$): MEMBER($x$) を実行し，偽ならばそのままでよい。真ならば $R_0(h_0(x)) = x$ または $R_1(h_1(x)) = x$ なので，そのデータを消去する（例えば $R_0(h_0(x)) = x$ だったならば $R_0(h_0(x)) := \text{empty}$ とする）。

問題は INSERT である。INSERT($x$) は以下のように行う。まず MEMBER($x$) を実行し，その出力が真ならばなにもしなくてよい。偽の場合に $x$ を新たに配列に格納する必要があるので，以下の操作を行う。

データ $x$ を $R_i(h_i(x))$ に格納する操作（$R_i(h_i(x)) := x$）を STORE($x,i$) と表記することにする。まず STORE($x,0$) か STORE($x,1$) かのどちらかをランダムに選んで実行する。仮に STORE($x,0$) を選んだとしよう（STORE($x,1$) の場合も同様である）。もし $R_0(h_0(x))$ が空であったならば，単に $x$（$= x_1$）をそこに格納して終了できるが，もしすでにデータ $x_2$ が入っていた場合は $x_2$ が押し出されるため，今度は $x_2$ を $R_1$ に格納する，すなわち STORE($x_2,1$) を実行する。さらに $R_1(h_1(x_2))$ にすでにデータ $x_3$ が入っていた場合には，さらに

---

[†] 一つで行う方法もある。

STORE($x_3$,0) を実行する。このような手順をデータが収まるまでつづける（図 **4.5** 参照）。このような，つづけて引き起こされる STORE の列を**格納列**と呼び，そこに現れるデータを用いて $\langle x_1, x_2, \ldots, x_\ell \rangle$ のように表記する（同じ表記でも STORE($x_1$,0) から始めるか STORE($x_1$,1) から始めるかの 2 通り存在する）。なお，格納列の連続する部分列も格納列と呼ぶことにする（すなわち，必ずしも INSERT($x_1$) から始まっている必要はない）。

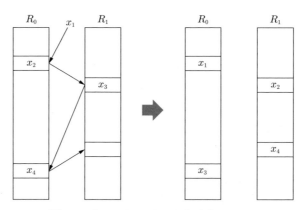

図 **4.5**　カッコウハッシュにおける INSERT

ただし，この格納列は有限長で終了するとはかぎらない。実際，ループに入ってしまって，同じ動作をいつまでもつづけてしまう可能性もある。そこで格納列の長さがあらかじめ定めておいた回数 Maxloop に達してもまだ格納が終わらない場合は，リハッシュ，すなわち二つのハッシュ関数を一新して，すべてのデータを入れ直す（リハッシュにおいても格納列が Maxloop に達したら，再度リハッシュする。これはすべてのデータが格納されるまで繰り返される）。

このアルゴリズムが上手く動作するためにはハッシュ関数が十分ランダム性をもっていないといけない。ハッシュ関数のランダム性を表現する以下の性質がある。なお，つぎの定義で $U$ はデータの全体集合，$R$ はデータを格納する配列のセル集合に対応する。

●**定義 4.1** 関数の集合 $\{h_i \mid i \in \boldsymbol{N}_n\}$, $h_i : U \rightarrow R$ が $(c, k)$ 普遍 $((c, k)\text{–universal})$ であるとは, 任意の $k$ 個の異なる要素 $x_1, \ldots, x_k \in U$ と任意の $y_1, \ldots, y_k \in R$, 一様ランダムな $i \in \boldsymbol{N}_n$ に対して

$$\Pr[h_i(x_1) = y_1, \ldots, h_i(x_k) = y_k] \leqq \frac{c}{|R|^k}$$

となることである。

つまり $(c, k)$ 普遍であるとは, ハッシュ関数の集合 $\{h_i \mid i \in \boldsymbol{N}_n\}$ がランダム性からせいぜい定数 $c$ 倍しか離れていない, ということである。詳細は省略するが, $U$ が $w$ ビットの二進数であるとき, $k = \Omega(2^w)$ に対して $(2, k)$ 普遍となる関数集合が $k$ の多項式時間で得られることが証明されている[36]。なお, 関数集合が $(2, k)$ 普遍であるならば, 定義から, 任意の $h \leqq k$ に対して $(2, h)$ 普遍でもある。以下では, われわれが用いるハッシュ関数集合は $(c, \text{Maxloop})$ 普遍である ($c$ はある定数) として話を進める。

### 4.3.3 格納列の閉路と単純格納列

格納列 $\langle x_1, \ldots, x_p \rangle$ において, 出現する $x_i$ $(i = 1, \ldots, p)$ がすべて異なるとき, この格納列は**単純**であるという。一方, 格納列 $\langle x_1, \ldots, x_p \rangle$ $(p \geqq 2)$ において, $x_1 = x_p (= x)$ であり, さらに二つの $x$ に対し同じ STORE 命令が実行される (すなわち, どちらも STORE($x$,0) であるか, どちらも STORE($x$,1) である) 場合, この格納列は**閉路**であるという。

INSERT($x_1$) より始まる手続きを仮に Maxloop の制限を外して実行すると, 「格納列の最後のデータ $x_p$ が空のセルに格納されて終了する」か, 「格納列が途中から閉路になって, その後無限につづく」かのどちらかになる。後者の場合, その格納列が**閉路に落ち込む**ということにする。

格納列が閉路に落ち込む場合の様子を詳しく分析してみよう。まず閉路に落ち込むためには同じデータが二度以上現れる必要がある。ただし格納列が単純

**76**　　4. 集合に関する操作

でないだけでは，まだ閉路に落ち込むとはかぎらない。実際，データ $x$ が二度
出て来たとしたとき，$x$ が最初に出て来たときの命令が $\text{STORE}(x,0)$ ならば，つ
ぎの命令は $\text{STORE}(x,1)$ となるはずなので，同じデータが三度目に出現しては
じめて閉路になる。

$\text{INSERT}(x_1)$ によって引き起こされた格納列 $P = \langle x_1, \ldots, x_p \rangle$ が単純列でな
いと仮定する。最初に二度目に出て来るデータを $x_i = x_j$ $(1 \leqq i < j \leqq p)$ と
する。すなわち，$P_{j-1} = \langle x_1, \ldots, x_{j-1} \rangle$ は単純列であるが，$P_j = \langle x_1, \ldots, x_j \rangle$
は単純列でない。

$x_{j-1}$ が $R_0$ から押し出されたと仮定する（$R_1$ でも以下の議論は同様）。する
とつぎに $\text{STORE}(x_{j-1},1)$ が実行され，$h_1(x_{j-1})$ に入っていた $x_j(= x_i)$ が押し
出される。そしてつぎに $\text{STORE}(x_j(= x_i),0)$ を実行するが，もし $i > 1$ の場合
は，その時点で $h_0(x_j(= x_i))$ に入っていたデータは $x_{i-1}$ でなければならない。
すなわち，$x_j(= x_i)$ 以後は $x_{j+1}(= x_{i-1})$, $x_{j+2}(= x_{i-2})$, ..., $x_{j+i-1}(= x_1)$
まで格納列はつづくことになる。すなわち，格納列は以下のようになる（**図 4.6**
参照）。

$$P = \langle x_1, \ldots, x_j(= x_i), x_{j+1}(= x_{i-1}), \ldots, x_{j+i-1}(= x_1), x_{j+i}, \ldots, x_p \rangle$$

$$(4.2)$$

ここで，$x_{j+i-1}(= x_1)$ が $R_0$ から押し出されたとする（$R_1$ としても同様）。
すると $\text{STORE}(x_{j+i-1}(= x_1),1)$ が実行され，その後は空のセルが見つからな
いかぎり格納列はつづく。

$x_{j+i-1}$ 以降は，もし以前に出現したデータと同じものが再度出現したら，そ
の後は必ず閉路に落ち込む。なぜならば，それは図 4.6 の $x_p$ がそれ以前に出
現した $x_1, \ldots, x_{p-1}$ のどれかと一致するという状況になるが，その場合，出現
したデータ数は $p - 1 - (j + i - 1) + j - 1 = p - i - 1$ 個で，それらはす
べて $h_0$ も $h_1$ もどちらも少なくとも一度は試しており，そのセル数の合計は
$p - 1 - (j + i - 1) + j - 2 = p - i - 2$ 個しかないため，データ数よりセル数
が少ないからである。

4.3 カッコウハッシュ　　77

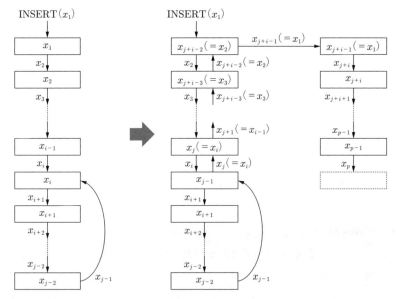

図 4.6　単純でない格納列

この観察から，以下のことがいえる。

o **補題 4.1**　　単純でない格納列が閉路に落ち込まない場合は，式 (4.2) の単純列 $P$ の最後の $x_p$ が空のセルに格納される場合である。一方，格納列が閉路に落ち込む場合は，式 (4.2) の単純列 $P$ の最後の $x_p$ がすでに現れたデータ $x_1, \ldots, x_{p-1}$ のどれかと一致することである。

### 4.3.4　カッコウハッシュの解析[*][†]

---

[†] タイトルのみ。コロナ社 Web ページの本書の紹介ページ
　　http://www.coronasha.co.jp/np/isbn/9784339027020/
にある"付録および演習問題解答" PDF に内容が掲載されています。5.3.3 項，5.4.4 項，6.3.5 項，8.5.2 項についても同様。なお，これらの項タイトルの右上には，アステリスク (*) が付けられています。

78    4. 集合に関する操作

## 4.4 ユニオン・ファインド

### 4.4.1 問 題 設 定

たがいに疎な複数の集合を次第に併合していく操作はいろいろな問題に現れる。

ここでは以下の命令を考える。

- UNION$(S_i, S_j)$: $S_i \cup S_j$ をつくり，その名前を $S_i$ または $S_j$ とする。ただし $S_i \cap S_j = \emptyset$ とする。
- FIND$(x)$: $x \in S_i$ である（唯一の）集合名 $S_i$ を返す。

ただし，任意の要素 $x$ は必ずどれかただ一つの集合に属しているとし，初期状態は各 $x$ はそれ一つで一つの集合 $\{x\}$ を構成しているものとする。

なお，以下では要素の全体集合は $\boldsymbol{N}_n = \{1, \ldots, n\}$ とし，集合の名前（添字）は，その集合に属する要素の番号のどれか一つになっているものとする。すなわち，任意の集合 $S_i$ についてつねに $i \in S_i$ であり，初期状態では $S_1 = \{1\}$，$S_2 = \{2\}$，$\ldots$，$S_n = \{n\}$ となっている。

### 4.4.2 配列による実現

配列 $S$ を用意し，$j \in S_i$ を $S(j) = i$ で表す。

★ 例 4.1 ★　　$S_1 = \{1, 3, 5, 6\}$，$S_2 = \{2\}$，$S_4 = \{4, 7\}$ は以下の配列で表現される。

| | 1 | 2 | 3 | 4 | 5 | 6 | 7 |
|---|---|---|---|---|---|---|---|
| $S$ | 1 | 2 | 1 | 4 | 1 | 1 | 4 |

FIND$(i)$ は $S(i)$ を読むだけなので $O(1)$ 時間でできる。UNION$(S_i, S_j)$ の実行は配列 $S$ を走査し，$S(h) = i$ となっている $h \in [N]$ すべてに対して $S(h) := j$ とする（$i$ と $j$ は逆でもよい）必要があるので，$\Theta(n)$ 時間かかる。

### 4.4.3 ポインタでの実現

集合を表す配列 sets$[2; n]$ と要素を表す配列 elements$[2; n]$ を準備し，ポインタによってつぎの要素を示す方法で表現する．例を用いて説明する．

★ 例 4.2 ★　　$S_1 = \{1, 3, 5, 6\}$，$S_2 = \{2\}$，$S_4 = \{4, 7\}$ は図 4.7 のように表現される．

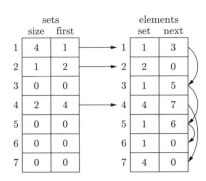

図 4.7　集合のポインタによる実現の例

Find$(i)$ は elements$(i, 1)$ を読むだけなので，$O(1)$ 時間でできる．

Union$(S_i, S_j)$ は，まず要素数の大きいほうの名前を残すことにすれば（要素数は sets$(i, 1)$ と sets$(j, 1)$ にある），$O(\min\{|S_i|, |S_j|\})$ でできる．さらに，併合ごとに名前が書き換わるほうの集合は，併合後にその大きさが倍以上になる．したがって，一つの要素に対し，その名前が書き換わる回数は $\lfloor \lg n \rfloor$ 以下である．Union 命令は全体でたかだか $n-1$ 回（なぜならば，1回の実行ごとに集合の数が一つ減るから）であることを考え合わせると，すべての併合に要する計算時間は $O(n \log n)$ 時間となり，1回当りの平均は $O(\log n)$ 時間となる．

### 4.4.4　木による実現 ── ほぼ線形時間のユニオン・ファインド

**（1）事実上線形の計算時間**　　ここでは，$m$ 回の Union と Find を $O(m\alpha(n + m, n) + n)$ 時間と $O(n)$ 領域で行う技法を述べる．ここで $\alpha(m, n)$ はアッカーマン（Ackermann）関数の逆関数と呼ばれる関数で，定義は以下のとおり

**80**　　4. 集合に関する操作

である。

まずアッカーマン関数 $A(m,n)$ は以下のように定義される。

$$A(m,n) := \begin{cases} 2^n, & \text{if } m = 1 \\ A(m-1, 2), & \text{if } m \geq 2 \text{ and } n = 1 \\ A(m-1, A(m, n-1)), & \text{if } m \geq 2 \text{ and } n \geq 2 \end{cases}$$

$$(4.3)$$

これは非常に速く増大する関数であり，例えば $m = 2$ の場合ですら，以下のようになる。

$$A(2,1) = A(1,2) = 4$$

$$A(2,2) = A(1, A(2,1)) = A(1,4) = 16$$

$$A(2,3) = A(1, A(2,2)) = A(1,16) = 2^{16} = 65536$$

$$A(2,4) = A(1, A(2,3)) = A(1,65536) = 2^{65536}$$

$$A(2,5) = A(1, A(2,4)) = A(1, 2^{65536}) = 2^{2^{65536}}$$

$$\vdots$$

$\alpha(m,n)$ はこれを用いてつぎのように定義される。

$$\alpha(m,n) := \min\{i \geq 1 \mid A(i, \lfloor m/n \rfloor) > \lg n\} \tag{4.4}$$

これは $A(m,n)$ とは逆にきわめてゆっくりと増加する関数であり，具体的には以下のようになる。

$$1 \leq n < 4 \qquad \rightarrow \quad \alpha(m,n) \leq 1$$

$$4 \leq n < 2^4 = 16 \qquad \rightarrow \quad \alpha(m,n) \leq 2$$

$$16 \leq n < 2^{16} = 65536 \quad \rightarrow \quad \alpha(m,n) \leq 3$$

$$65536 \leq n < 2^{65536} \qquad \rightarrow \quad \alpha(m,n) \leq 4$$

$$\vdots$$

すなわち，実用上意味のあるすべての $n, m$ に対し $\alpha(m,n) \leqq 4$ であり，実質的には定数とみなしてよい．

**（2）集合の木表現** 上の計算時間を実現する具体的な方法は以下のとおりである．各 $S_i$ ごとに $S_i$ の要素を頂点とする木を対応させ，木の根の頂点番号を集合名と考える．

★ **例 4.3** ★ $S_1 = \{1, 2, 5, 9\}$, $S_3 = \{3, 6\}$, $S_7 = \{4, 7, 8, 10\}$ は図 4.8（a）のように表現される．

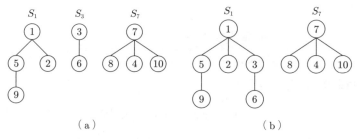

図 **4.8** 集合の木による実現と Union の例

$|S_i|$ の値は，子孫の数を記憶しておく $\mathrm{Des}[n]$ という配列を用意しておき $\mathrm{Des}(i)$ に入れておく．

$\mathrm{Union}(S_i, S_j)$ の操作は以下のとおり．

1. $|S_i|$ と $|S_j|$ を比較する．ここで $|S_i| \geqq |S_j|$ と仮定する（逆の場合は以下の $i$ と $j$ を入れ替えた操作をすればよい）．
2. $S_j$ の根（頂点 $j$）を，$S_i$ の根（頂点 $i$）の子にすることによって，二つの木を一つにする．
3. $\mathrm{Des}(i) := \mathrm{Des}(i) + \mathrm{Des}(j)$ とする．

★ **例 4.4** ★ 図 4.8（a）の $S_1$ と $S_3$ に対し，$\mathrm{Union}(S_1, S_3)$ を実行した場合，$|S_1| = 4 > 2 = |S_3|$ より，$S_3$ の根（頂点 3）が $S_1$ の根（頂点 1）の子となり，その結果得られる新たな部分集合を表す木は図（b）の $S_1$ である．

$\mathrm{Find}(i)$ は，$i$ から親ポインタを順に追っていき，たどり着いた根の番号を

82    4. 集合に関する操作

答えればよいので，木の高さに比例する手間でできる。

木の高さについてはつぎの補題が成立する。

○ **補題 4.2**    $S_i$ の木の高さは $\lfloor \lg |S_i| \rfloor$ 以下である。

> 〔証明〕    $|S_i| = 1$ のときは木の高さは 0 なので，題意を満たしている。
>
> $S_i$, $S_j$ が題意を満たしていると仮定する。$S_i$, $S_j$ を表す木の高さをおのおの $h_i$, $h_j$ とする。前提より $h_i \leq \lfloor \lg |S_i| \rfloor$ かつ $h_j \leq \lfloor \lg |S_j| \rfloor$ である。$\text{UNION}(S_i, S_j)$ によってできた木の高さを $h$ とする。このとき，$S_i$ の根が新たな木の根となったと仮定して一般性を失わない。すなわち $|S_i| \geq |S_j|$ である。
>
> **場合 1**  $h_i > h_j$ の場合：
>
> $$h = h_i \leq \lfloor \lg |S_i| \rfloor \leq \lfloor \lg |S_i \cup S_j| \rfloor$$
>
> より題意を満たす。
>
> **場合 2**  $h_i \leq h_j$ の場合：
>
> $$h = h_j + 1 \leq \lfloor \lg |S_j| \rfloor + 1 \leq \lfloor \lg 2|S_j| \rfloor \leq \lfloor \lg |S_i \cup S_j| \rfloor$$
>
> より題意を満たす。
>
> 以上から帰納法により証明される。                            □

補題 4.2 より，$\text{FIND}(i)$ は $O(\log n)$ 時間でできる。

**（3） 路の圧縮**    このデータ構造は，木の高さが低ければ低いほど $\text{FIND}$ が高速にできる。木の高さをさらに低くするため，**路の圧縮**（path compression）を行うとよい。

路の圧縮とは，$\text{FIND}(i)$ を実行するとき，頂点 $i$ から根へと遡っていくが，その際に，その路上にある頂点をすべて根の子にしてしまうのである。例えば**図 4.9** の左側のデータ構造において $\text{FIND}(9)$ を行うと 9 の頂点から根の 1 に向かって探索が実行される。その路上に現れる頂点で，根でも根の子でもない頂点 9 と 6 を根 1 の子とすることによって右側の，より低い構造の木が得られる。

---

◎ **定理 4.1**    集合の木表現に路の圧縮を加えた**ユニオン・ファインドアルゴリズム**（union–find algorithm）は，$m$ 回の $\text{UNION}$ と $\text{FIND}$ を

$O(m\alpha(n+m,n)+n)$ 時間と $O(n)$ 領域で行うことができる。

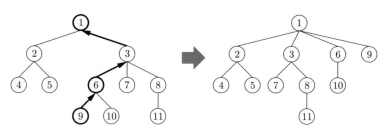

図 4.9 路 の 圧 縮 の 例

証明は省略する[†]。なお，ユニオン・ファインドアルゴリズムの計算速度はこれ以上は（オーダーの意味で）改善できないことが証明されている[40]。

### 4.4.5 木構造上に限定された場合の線形時間ユニオン・ファインド

4.4.4 項の最後（定理 4.1）で紹介したユニオン・ファインドアルゴリズムは，ほとんど線形時間を達成していた。しかしこれは理論的には線形時間ではなく，しかもそれ以上改善できないことも証明されている[40]。ただ，特別な場合に限っては線形時間でできる場合もあることが，Gabow と Tarjan[15] によって示されている。これは非常によく現れる場合であるにもかかわらず，結構見逃されているので，読者諸兄はこの場合をよく覚えておいてほしい。

まず典型的な場合は，データが直線上に並んでいて，その隣合せの部分集合間でしか UNION が行われない場合である。例えば初期状態が

$$S_1 = \{1\},\ S_2 = \{2\},\ S_3 = \{3\},\ S_4 = \{4\},\ S_5 = \{5\},$$
$$S_6 = \{6\},\ S_7 = \{7\}$$

であるとすると，ここで許されるユニオン操作は UNION$(S_1, S_2)$, UNION$(S_2, S_3)$, UNION$(S_3, S_4)$ などの隣合せの部分集合間に関するもののみである。上の初期

---

[†] 文献 39), 43) に証明が記載されている。

状態に例えば UNION$(S_1, S_2)$, UNION$(S_4, S_5)$, UNION$(S_6, S_7)$ が実行され，下のような状態が得られたとする．

$$S_1 = \{1, 2\}, \ S_3 = \{3\}, \ S_4 = \{4, 5\}, \ S_6 = \{6, 7\}$$

ここでつぎに許されるユニオンは，UNION$(S_1, S_3)$, UNION$(S_3, S_4)$, UNION$(S_4, S_6)$, の3通りのみである．

以上のような，データが線形構造をしている場合には，線形時間でできるユニオン・ファインドアルゴリズムが提案されている．このアルゴリズムは，線形構造をさらに一般化した「木構造」に対しても有効である．すなわち，データが図 4.10 のように木構造をしていて，この木構造上の隣合せの部分集合間でのみユニオンが許されている場合においても，やはり線形時間でできる[15]．

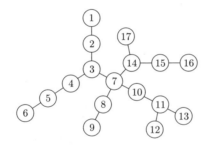

図 4.10 ユニオンツリー（木構造上のデータ間でのユニオン・ファインドは線形時間でできる）

---

◎ 定理 4.2　$n$ 個のデータが（固定された）木の頂点に対応しており，UNION はつねに，その木で隣り合う（辺で結ばれている）データの属する部分集合間でのみ許されている場合，$m$ 回の UNION と FIND を $O(n+m)$ 時間と $O(n)$ 領域で行うことができる[15]．

---

この構造をユニオンツリー（union tree）と呼ぶ．このアルゴリズムはかなり複雑なので説明は省略する．実用上は前述の路圧縮を入れた木表現のユニオン・ファインドで十分であるが，理論研究者はこのユニオンツリーの存在は知っておくべきである．

プログラム演習　　*85*

# 演 習 問 題

**【1】** 全体集合 $\{1, \ldots, n\}$ の部分集合 $A$ がサイズ $b$ の外部ハッシュで表現されているとする。MEMBER$(x, A)$ の最悪計算時間は，$A$ や $x$ になんの制約もない場合には，ハッシュ関数にかかわらず $\Omega(\min\{|A|, n/b\})$ となることを証明せよ。

**【2】** ユニオン・ファインドの集合の木表現（81 ページから）における UNION$(S_i, S_j)$ のアルゴリズムにおいて，$|S_i| \geq |S_j|$ の場合に $S_j$ の根（頂点 $j$）を $S_i$ の根（頂点 $i$）の子にしているが，その逆，すなわち「$S_i$ の根（頂点 $i$）を $S_j$ の根（頂点 $j$）の子にする」としてはいけない理由を述べよ。

# プログラム演習

**【1】** 適当な（ただし十分大きな）整数 $n$ を決めて集合 $\boldsymbol{N}_n = \{1, \ldots, n\}$ を全体集合とした辞書を外部ハッシュでつくれ。ハッシュ関数は $h(x) = x \pmod{100}$ を使用せよ。INSERT, MEMBER, DELETE はランダムに行われるものとし，空の辞書から始め，まず辞書に $k = 100$ 個たまるまでは DELETE を行わず，その後も辞書内のデータ数はつねに $k$ 個以上ある状態を保つこと。また，INSERT（あるいは DELETE でもよい）されるデータに偏りをもたせたらどうなるか調べよ。例えば「ハッシュ値に比例する確率で INSERT される」などの場合に，時間経過とともに MEMBER にかかる時間がどのように変化するか調べよ。$k$ の値もいろいろ変化させて調べてみよ。

**【2】** 適当な（ただし十分大きな）整数 $n$ を決めて集合 $\boldsymbol{N}_n = \{1, \ldots, n\}$ を全体集合とした辞書を内部ハッシュでつくれ。ハッシュ関数は $h(x) = x \pmod{10^4}$ を使用せよ。INSERT, MEMBER, DELETE はランダムに行われるものとする。そして MEMBER にかかる時間を測定し，リハッシュは行わず，時間経過とともに MEMBER にかかる時間の変化を調べよ。

*OMPUTER SCIENCE TEXTBOOK SERIES* □

# C5 平衡二分探索木

## 5.1 平衡二分探索木の基本

### 5.1.1 二 分 探 索

順序付き集合 $A$ に対し $\text{MEMBER}(a, A)$ を素早く実行することを考える。まず、$a$ を $A$ のすべてのデータと比較するという自明な方法を使うと $\Theta(n)$ 時間で実行可能だが、もう少し賢い方法がありそうだ。とりあえず $A$ のデータが $a_1 \leq \cdots \leq a_n$ のように昇順に整列されているとすれば、つぎに示す二分探索を用いれば $O(\log n)$ 時間で調べることができる。

二分探索（binary search）とは、まず中央のデータ $a_{\lceil n/2 \rceil}$ と $a$ を比較し、もし $a$ のほうが小さければ探すべき対象は $a_1, \ldots, a_{\lceil n/2 \rceil - 1}$ に絞られ、$a$ のほうが大きければ $a_{\lceil n/2 \rceil + 1}, \ldots, a_n$ に絞られるので、探索範囲を半分にすることができ、以下同様の操作を繰り返していくアルゴリズムである。正確に書き下すとつぎのようになる。

**Procedure** $\text{BINARYSEARCH}(a_1, \ldots, a_n; a)$
**comment** $a_1 \leq \cdots \leq a_n$ を前提とする；
**begin**
   $i := \lceil n/2 \rceil$
   if $a = a_i$ then output $i$
   else if $a < a_i$ then

$\qquad$ **if** $i = 1$ **then output** "$a$ は存在しない。" **stop**;

$\qquad$ **call** BINARYSEARCH$(a_1, \ldots, a_{i-1}; a)$

$\quad$ **else**（すなわち $a > a_i$）

$\qquad$ **if** $i = n$ **then output** "$a$ は存在しない。" **stop**;

$\qquad$ **call** BINARYSEARCH$(a_{i+1}, \ldots, a_n; a)$

$\quad$ **endif**

**end.**

1 回の比較で探索範囲を半分以下にできることから，操作の総数は $O(\log n)$ 回である。二つの数値の比較のみに基づいて探索するかぎり，これより早くできない（すなわち探索に要する計算時間は $\Omega(\log n)$ 時間である）ことも証明できる（演習問題【1】）。

しかしここで，$a_1, \ldots, a_n$ をどういう形で記憶しておくかを少し考える必要がある。もしデータが固定で，めったに変化しないならば，単に配列で記憶しておくだけで問題はない。しかし，データの挿入や削除が起きたときに，配列だと構造が乱れてしまう。つまり，適切な所にデータを挿入したり，またはデータを削除してできた空欄を詰めようとすれば，そこから後ろのデータをすべてシフトしなければならず，挿入・削除 1 回ごとに $\Theta(n)$ の手間を要してしまう。挿入や削除を楽にしようとしてリスト構造にすれば，今度は二分探索を使うことができない[†]。

そこで考え出されたのが，二分探索木である。**二分探索木**（binary search tree）はデータをキーの大小関係に基づく木構造で記憶することで MEMBER, INSERT, DELETE などを木の高さのオーダーで実行できるデータ構造である。

### 5.1.2 二分探索木の構造と MEMBER

集合 $V$ の要素 $v \in V$ に対して，数値（キー）key$(v)$ が与えられている。二分探索木は，根付き二分木の構造をしており，その各頂点が $V$ の各要素に一対

---

† 真ん中のデータがなにかを $O(1)$ 時間で探し当てる方法がない。

一対応している（図 5.1 の例を参照）。したがって以下では，混同する恐れのないかぎり，二分探索木の各頂点を，それに対応している要素 $v$ と同一視することにする。すなわち，頂点 $v$ にはキー $key(v)$ が格納されていると考える場合もある。説明を簡単にするため，本章では異なるデータは必ず異なるキーをもつと仮定する[†]。

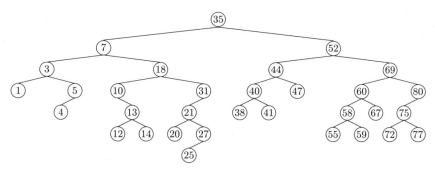

図 5.1　二分探索木の例

二分探索木を $T$ で表す。$T$ の頂点 $v$ に対し，$v$ を根とする部分木を $T(v)$ と表す。また，$v$ の左側の子を $\mathrm{child}_1(v)$，右側の子を $\mathrm{child}_2(v)$ とする。二分探索木は以下の条件を満たしていなければならない。

---
**二分探索木条件**：任意の頂点 $v \in V$ に対して

$$\max\{key(u) \mid u \in T(\mathrm{child}_1(v))\} < key(v)$$
$$< \min\{key(u) \mid u \in T(\mathrm{child}_2(v))\}$$

---

すなわち，$v$ の左側の子を根とする部分木の中のキーの値はどれも $v$ のキーの値より小さく，$v$ の右側の子を根とする部分木の中のキーの値はどれも $v$ のキーの値より大きい。図 5.1 の例でこの条件が満たされていることを確認してほしい。

---
[†] 同じキーがある場合は，そのデータの他の値（例えば ID など）を用いて，なんらかのタイプブレークを定めておけばよいので，この仮定は一般性を失わない。

5.1 平衡二分探索木の基本 *89*

二分探索木 $T$ が与えられれば，その中にキー $a$ をもつデータが存在するか否かの判定 MEMBER$(a, T)$ を実行するには，二分探索と同様な考え方で根から順に適切な子のほうに探索していけばよいので容易である。例えば，図 5.1 の木 $T$ に対して 9 のキーをもつ頂点が存在するか否かを探す場合を例にとると，以下のようになる。

- まず根のキー 35 と 9 を比較し，9 のほうが小さいので，9 が存在するとすれば左の子 7 を根とする部分木内になければならないことがわかる。
- つぎに 7 と 9 を比較し，9 のほうが大きいので，9 が存在するとすれば，7 の右の子 18 を根とする部分木内になければならないことがわかる。
- つぎに 18 と 9 を比較し，9 のほうが小さいので，9 が存在するとすれば 18 の左の子 10 を根とする部分木内になければならないことがわかる。
- つぎに 10 と 9 を比較し，9 のほうが小さいが，10 の左の子は存在しないので，9 はこの木の中には存在しないことがわかる。

このアルゴリズムの形式的な記述は以下のようになる。ただし $r$ は $T$ の根であり，child$_1(v)$ が存在しないときには，そこには特別な記号 $\perp$ が格納されているとする。

**Procedure** MEMBER$(a, T)$
**begin**
  $v := r$;
  **do while** $v \neq$ "$\perp$"
    **if** key$(v) = r$ **then**
      **output** $v$, **stop**;
    **elseif** key$(v) < r$ **then**
      $v :=$ child$_1(v)$
    **else comment** key$(v) > r$
      $v :=$ child$_2(v)$
    **endif**

**90**     5. 平 衡 二 分 探 索 木

**enddo**
**output** "$a$ は存在しない"
**end.**

### 5.1.3 最大値・最小値の発見と整列

二分探索木 $T$ が与えられたら，そこから最小（あるいは最大）のキーをもつ頂点を見つけるのは容易である。それは単に根から始めて左（右）の子を順々にたどっていき，左（右）の子をもたない頂点を見つけたら，その頂点が所望の頂点である[†]。

木 $T$ に対し，最小のキーをもつ頂点のデータを変数 $v$ に入れて出力するアルゴリズム $\text{MIN}(T, v)$ を以下に示す。

**Procedure** $\text{MIN}(T, v)$
**begin**
$\quad v := r$
$\quad$ **do while** $\text{child}_1(v) \neq$ "$\perp$"
$\quad\quad v := \text{child}_1(v)$
$\quad$ **enddo**
**end.**

最大のキーをもつ頂点 $v$ を出力するアルゴリズム $\text{MAX}(T, v)$ もまったく同様に（$\text{child}_1(v)$ の部分を $\text{child}_2(v)$ に書き換えるだけで）構成することができる。

二分探索木を含む二分木を探索する典型的な方法には「前順（preorder）」「中順（in order）」「後順（postorder）」の 3 通りがある。以下でそれを説明する。

- **前順**：各頂点 $v$ に対して，$v$, $\forall u \in T(\text{child}_1(v))$, $\forall u \in T(\text{child}_2(v))$ の順に探索する。
- **中順**：各頂点 $v$ に対して，$\forall u \in T(\text{child}_1(v))$, $v$, $\forall u \in T(\text{child}_2(v))$ の順に探索する。

---

[†] 二分探索木条件から自明。

- **後順**：各頂点 $v$ に対して，$\forall u \in T(\mathrm{child}_1(v))$, $\forall u \in T(\mathrm{child}_2(v))$, $v$ の順で探索する．

例えば図 **5.2** の二分探索木を前順，中順，後順で探索すると頂点（のキー）の現れる順番はそれぞれ以下のようになる．

前順：$35, 7, 3, 18, 52, 44, 69$

中順：$3, 7, 18, 35, 44, 52, 69$

後順：$3, 18, 7, 44, 69, 52, 35$

このことからわかるように，二分探索木を中順で探索すると整列されたデータ列が得られる．

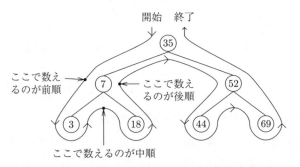

図 **5.2** 二分探索木の探索（前順，中順，後順）

### 5.1.4 データの挿入と削除

**（1） データの挿入** 二分探索木にデータを挿入したり，それからデータを削除したりする方法を説明する．まず挿入はつぎの方法で行う．

1) 挿入するべき適切な場所を見つける．
2) そこに新たな頂点（葉）を付け加えて，そのデータを格納する．

という手順になる．1)の操作は，そのデータのキーの値 $a$ を用いて，$\mathrm{Member}(a, T)$ を実行することで実現できる．例えば，図 5.1 の木にキーが 9 のデータを加えようとする場合，9 を探索することで，キーが 10 である頂点の左側の子の場所が適切な位置であることが判明する．したがって，そこに葉を新たに加えてそ

## 5. 平衡二分探索木

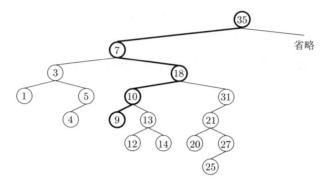

図 5.3 キー "9" の挿入

のデータを付与する。図 5.1 の木に 9 を加えた結果を 図 5.3 に示す。探索されたもしくは加えられた頂点と辺を太線にしてある。

（2） **データの削除**　データの削除は挿入に比べると少し手間がかかる。削除されるデータの格納されている頂点を $v$ とすると，$v$ が葉の場合には，単に $v$ を木から削除するだけでよいので，問題はない。$v$ が葉でない場合には，$v$ を削除してしまったら二分木の形状が壊れてしまうので，削除はできないので，どこかの葉からデータを移してくる必要がある。

$v$ が葉でないということは，左右どちらかの子が存在する。例えば右の子が存在する場合には，右の部分木内の最小のキーをもつ頂点 $v'$ からデータを移す（これで $v$ における二分探索木条件を壊していない。また，左の部分木内の最大のキーをもつ頂点でもよい）。

すると今度は $v'$ が空になってしまうが，今度は上記の $v$ に対して行ったアルゴリズムを $v'$ に対して行えばよい。すなわち，$v'$ が葉ならばそれを削除して終了で，葉でない場合には，左右どちらかの子が存在する。例えば右の子が存在する場合には，右の部分木内の最小のキーをもつ頂点 $v''$ からデータを移す。

これが繰り返されたとしても空となる頂点の深さが段々と大きくなるので，繰り返しの最大数は木の深さである。図 5.1 の木の根である（キーが 35 の）データを削除したときのデータの移し替えの結果を図 5.4 に示す。

削除のアルゴリズムの形式的表記は下記のとおりである。ここでは $T$ と $v$ は

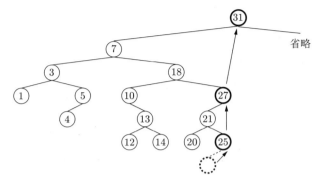

図 5.4 根のデータの削除

入力でおのおの二分探索木と削除する頂点である。

**Procedure** DELETE$(T, v)$
**begin**
    **if** child$_1(v) =$ "$\bot$" かつ child$_2(v) =$ "$\bot$" **then**
        $v$ を $T$ より削除する。**stop**;
    **else**
        **if** child$_1(v) \neq$ "$\bot$" **then**
            **call** MAX$(T(\text{child}_1(v)), v')$
            $v \rightleftharpoons v'$
        **else**
            **call** MIN$(T(\text{child}_2(v)), v')$
            $v \rightleftharpoons v'$
        **endif**
        **call** DELETE$(T, v')$
    **endif**
**end**.

（**3**）**各操作の計算時間** 以上の操作に要する時間は，木の高さを $h$ とするといずれも $O(h)$ 時間である。木が完全二分木のように左右のバランスがと

れているならば，木の高さは $O(\log n)$ で収まり，探索も $O(\log n)$ 時間でできることになる。

しかし挿入や削除を繰り返していくと，当然ながら木のバランスは崩れる。例えば，最初は空集合であった木に頂点を挿入していくとき，挿入される頂点のキーが $1, 2, 3, \ldots, n$ と段々大きくなっていったとすると，木の形は図 **5.5** のような極端にアンバランスなものとなってしまう。この木の頂点の探索にかかる時間は平均的に見ても $\Theta(n)$ である。削除についても同様の現象が起き得る[†]。

図 **5.5**　バランスの崩れた二分探索木

したがって，挿入や削除を行った場合，木のバランスが崩れてきたら，木の形を整えて，バランスをとってやる必要がある。それがつぎに示す回転操作である。

### 5.1.5　回 転 操 作

$v \in V[T]$ を二分探索木 $T$ の根以外の頂点とする。図 **5.6** に示した操作を施して木を変形することを $v$ に対する **回転**（rotation）という。なお，図中の $U$, $W$, $Y$ は部分木である。

図では $v$ はその親頂点 $x$ の左の子であったが，右の子であった場合も回転操作は同様に実行できる。図 5.6 の右側の木の $x$ に対して回転操作を施せば，左側の木に戻る。

---

[†] 挿入または削除で要求されるキーが無作為という前提ならば平均的に木の高さが $O(\log n)$ になることが期待されるが，それは使われ方次第であり，応用先によっては偏りがあっても不思議ではない。

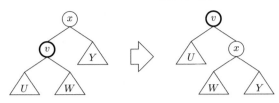

図 **5.6** 頂点 $v$ における回転

回転操作の計算時間は，頂点 $v, x$ と部分木 $W$ の根頂点に関係するポインタの付け替えだけで済むので，定数時間である．

回転操作を施すことで，木の左右のバランスを調整することができる．しかしこれを行うためには回転を行う頂点の左右のバランスが崩れていることに気が付く必要がある．そのために木全体を探索していてはかえって時間を浪費してしまう．あくまで**局所的な情報から回転の必要性を判定**しなければならない．

データの挿入・削除を施したときに，回転操作を用いてバランスを自動的にとり，木の高さをつねに $O(\log n)$ に保つような二分探索木のことを**平衡二分探索木** (self-balancing binary search tree) という．平衡二分探索木には，AVL木，二色木，スプレー木，Treap，AA木などがある．

本書ではその中で，二色木とスプレー木を説明する．

## 5.2 二 色 木

### 5.2.1 二色木の基本

**二色木**（red black tree）はつぎの性質を満たし，これらを用いて局所的な情報でバランスを保っている．

(i) 葉以外の頂点は必ず二つの子をもち，データは葉以外の頂点すべてに一つずつ格納されている．

(ii) 各頂点は赤か黒かのどちらかである．

(iii) 根と葉は必ず黒である．

(iv) 赤の頂点の親は必ず黒である．

**96　　5. 平 衡 二 分 探 索 木**

（ⅴ）　根から葉への路の上にある黒い頂点の数は，どの路も同じ。

（ⅰ）の条件は，前節までで考察してきた二分探索木の葉，あるいは子を一つしかもたない頂点に，さらに子（葉）を付け加えることによって作成することができる。条件（ⅱ）～（ⅴ）より，根から葉への路の長さ（葉の深さ）の最大のものと最小のものとの違いは，たかだか 2 倍となる。このことから，つぎのことがいえる。

○**補題 5.1**　　データ数 $n$ の二色木の高さは $O(\log n)$ である。

〔証明〕　　二色木の高さを $h$ とすると，最も浅い葉の深さは $h/2$ 以上ある。したがって，深さ $h/2-1$ 以下の頂点はすべて存在し，それらには必ずデータが格納されているので，$n \geqq 2^{h/2}-1$ が成立する。これを解いて，$h \leqq 2\ln(n+1) = O(\log n)$ を得る。　　　　　　　　　　　　　　　　　　　　　　　　　　□

### 5.2.2　二色木における挿入

頂点の挿入や削除を行ったときに，二色木の性質を保つ方法を説明する。まず挿入の場合について述べる。

データの挿入は，二色木の性質の（ⅰ）より，元葉であった頂点（$v$ とする）にデータが格納され，$v$ の下に新たに二つの子（葉）が付け加えられる。新たに付け加えられた葉は条件 (iii) より黒であるので，$v$ の色を赤に変更することで，条件（ⅴ）を保つことができる。しかしこの操作によって，条件 (iv) が壊れている可能性がある（その他の条件は満足している）。よって以下の方法で，他の条件を壊さず，条件 (iv) も満足するように変更を加える。

- **場合 1**：$v$ が根である場合。

　$v$ の色を黒にするだけでよい。

- **場合 2**：$v$ が根でなく，$v$ の親 $w = p(v)$ が黒の場合。

　条件 (iv) に反していないので，そのままでよい。

- **場合 3**：$v$ が根でなく，$v$ の親 $w = p(v)$ が赤の場合。

　$w$ は赤で根ではないので，その親 $x = p(w)$ が存在し，条件 (iv) より $x$ は黒である。$x$ のもう片方の子を $w'$ とする。

- **場合 3–1**：$w'$ も赤のとき。

    $w$ と $w'$ を黒にし，$x$ が根でない場合は $x$ を赤にする（図 **5.7** 参照）。

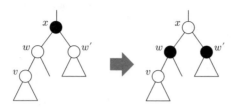

    図 **5.7** 二色木における挿入：場合 3–1 （図中の黒丸が黒の頂点，白抜きの丸が赤の頂点を表す。図 5.8 以降の図でも同様）

- **場合 3–2**：$w'$ は黒のとき。

    $w$ のもう片方の子を $v'$ とする。$w$ が赤なので $v'$ は黒である。

    * **場合 3–2–1**：「$v$ が $w$ の左の子でありかつ $w$ が $x$ の左の子である」もしくは，「$v$ が $w$ の右の子でありかつ $w$ が $x$ の右の子である」とき。

        $w$ に対して回転操作（**5.1.5 項** 参照）を行った上，$w$ を黒，$x$ を赤にする（図 **5.8** 参照）。

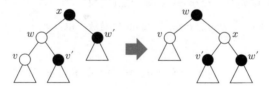

        図 **5.8** 二色木における挿入：場合 3–2–1

    * **場合 3–2–2**：「$v$ が $w$ の右の子でありかつ $w$ が $x$ の左の子である」もしくは，「$v$ が $w$ の左の子でありかつ $w$ が $x$ の右の子である」とき。

        $v$ に対して回転操作を 2 回つづけて施し（これを双回転と呼ぶ），$v$ を黒にする（図 **5.9** 参照）。

場合 3–1 の結果 $x$ が根でない場合には，上の頂点との間で条件 (iv) が壊れて

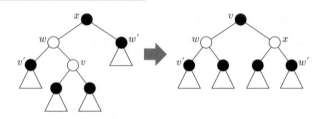

図 5.9 二色木における挿入：場合 3–2–2

いる可能性があるので，$x$ を $v$ とおき直して，上の操作をさらに施す必要がある．この操作を繰り返した場合，対象となる頂点は段々と根に近づいていくので，上記の操作はたかだか木の高さ（$O(\log n)$）回しか行われない．1 回の操作は定数時間でできるので，1 回の挿入操作に対する上記の操作は $O(\log n)$ 時間であり，通常の挿入操作の計算時間を超えない．

### 5.2.3 二色木における削除

つぎに削除操作に対する，二色木条件の保ち方を説明する．

データが削除される頂点（$v$ とする）は，子が両方とも葉である頂点になる（**5.1.4 項** 参照）．データ削除後は $v$ の両方の子（葉）が削除され，$v$ が葉となる．もし $v$ が元は赤だったならば，$v$ を黒にすればすべての条件を満たしているので，問題ない．しかし，$v$ が黒であった場合には，条件 ( v ) が壊れるので，調整する必要がある．

$v$ の親を $w$，$w$ のもう片方の子を $v'$，$v'$ の子を $x$ と $x'$（ただし $v$ に近いほうを $x$）とする．

- 場合 1：$w$ が赤である場合．

  条件 (iv) より $v'$ は黒である．

    - 場合 1–1：$x$ と $x'$ が共に黒のとき．

      $w$ を黒に，$v'$ を赤にする（図 5.10 参照）．

    - 場合 1–2：$x'$ が赤のとき（$x$ は赤でも黒でもよい）．

      $v'$ に回転操作を施し，$w$ と $x'$ を黒，$v'$ を赤にする（図 5.11 参照．なお，灰色は赤でも黒でもよい頂点である）．

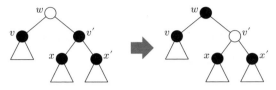

図 **5.10**　二色木における削除：場合 1–1

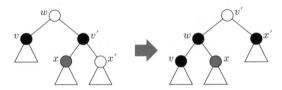

図 **5.11**　二色木における削除：場合 1–2

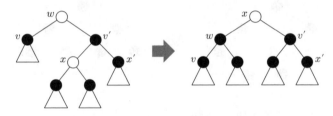

図 **5.12**　二色木における削除：場合 1–3

- 　**場合 1–3**：$x'$ が黒で $x$ が赤のとき。

  $x$ に対し双回転を施し，$w$ を黒にする（**図 5.12** 参照）。

- **場合 2**：$w$ が黒である場合。

  - 　**場合 2–1**：$v'$ が黒のとき。

    * **場合 2–1–1**：$x$ と $x'$ が共に黒のとき。

      $v'$ を赤にする（**図 5.13** 参照）。そして $w$ を $v$ とおき直して，この調整手続きを再帰的に適用する。

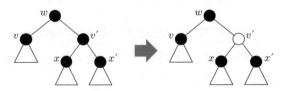

図 **5.13**　二色木における削除：場合 2–1–1

* 場合 2–1–2：$x'$ が赤のとき（$x$ は赤でも黒でもよい）。
  $v'$ に回転操作を施し，$x'$ を黒にする（図 5.14 参照）。
* 場合 2–1–3：$x'$ が黒で $x$ が赤のとき。
  $x$ に対し双回転を施し，$x$ を黒にする（図 5.15 参照）。

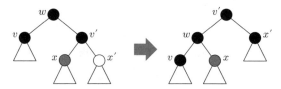

図 5.14　二色木における削除：場合 2–1–2

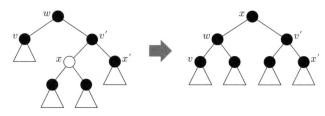

図 5.15　二色木における削除：場合 2–1–3

— 場合 2–2：$v'$ が赤のとき。
  $v'$ に対して回転操作を施し，$v'$ を黒に，$w$ を赤にする（図 5.16 参照）。そして場合 1 を適用する。

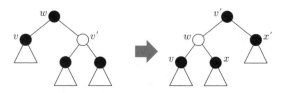

図 5.16　二色木における削除：場合 2–2

場合 2–1–1 のときのみ，変形した部分木の根（この場合 $w$）以下の黒頂点の数が一つずつ減っているので，新たに $w$ を $v$ とおき直して，上記の操作を再帰的に適用する必要がある。

この操作にかかる手間は，挿入のときと同様に見積もることができ，1 回の

削除当り $O(\log n)$ 時間である。

### 5.2.4 二色木の合併と分割

二色木を指定のキーを境にしてその大小で二つに分割したり，逆に二つの二色木を合わせて一つの二色木にする操作について説明する。本操作によって二色木の応用範囲が広がる。本書においてもタンゴ木（**5.4節** 参照）で使用する。

ここでは以下の二つの操作に対し，$O(\log n)$ 時間のアルゴリズムを示す。

- **合併**：$\mathrm{MERGE}(T_1, T_2, a; T)$：$T_1$ と $T_2$ は二色木，$a$ はキーの値で，$\max\limits_{v \in T_1} \mathrm{key}(v) < a < \min\limits_{v \in T_2} \mathrm{key}(v)$ を満たすとする。このとき，$T_1$ と $T_2$ と，さらに $a$ をキーとしてもつ頂点 $w$ を合わせて一つの二色木 $T$ をつくる。

- **分割**：$\mathrm{SPLIT}(T, v; T_1, T_2)$：二色木 $T$ とその頂点 $v \in V[T]$ に対し，$\max\limits_{v \in T_1} \mathrm{key}(v) < \mathrm{key}(v)$ である二色木 $T_1$ と $\min\limits_{v \in T_2} \mathrm{key}(v) > \mathrm{key}(v)$ である二色木 $T_2$ に分割する。頂点 $v$ はただ一つの頂点からなる二色木として分離される（単に削除されるとしてもよい）。

二色木の各頂点 $v$ に対し，$v$ から葉までの路上の黒点の数を $v$ の**ランク**と呼び，$\mathrm{rank}(v)$ と表す。定義より，葉のランクは 1 である。任意の頂点 $v$ に対し，その頂点のランクの計算は，$v$ より葉に向かう路をどれでも一つ探索するだけでよいので，$O(\mathrm{rank}(v)) = O(\log n)$ 時間で計算できる。二色木のランクはその根のランクとする。

**（1）合併のアルゴリズム** 合併する二つの二色木 $T_1, T_2$ の根をおのおの $u, v$ とする。

もし $\mathrm{rank}(u) = \mathrm{rank}(v)$ ならば，頂点 $w$ を $\mathrm{key}(w) = a$ とし，それを根として，単に $u$ と $v$ を $w$ の子とすればよい。

$u$ と $v$ のランクが異なる場合について以下で説明する。$\mathrm{rank}(u) < \mathrm{rank}(v)$ と仮定する（逆の場合も同様であるので，その説明は省略する）。

$v$ の左の子をたどっていくことで，$\mathrm{rank}(w') = \mathrm{rank}(u) + 1$ となる黒い頂点 $w'$ を見つけることができる。$w'$ の左の子を $x$，右の子を $y$ とする。

$w'$ と $x$ の間に $w$ を赤い頂点として加えて，$x$ を $w'$ の右の子，$u$ を $w'$ の左の子とする（図 5.17 参照）．もし $x$ が黒なら，二色木の条件は壊れていない．しかし $x$ が赤の場合，二色木の条件 (iv) を壊す．一方これは，5.2.3 項の二色木における削除において行った調整と同じであるので，それを適用する．

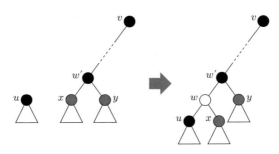

図 5.17　二色木の合併

計算時間は，一般性を失うことなく $\mathrm{rank}(u) \leqq \mathrm{rank}(v)$ と仮定すると，$\mathrm{rank}(u)$ と $\mathrm{rank}(v)$ の計算に $O(\mathrm{rank}(v))$ 時間．それ以外の部分は，$w$ から根にたどる操作しかないので，$O(\mathrm{rank}(v)-\mathrm{rank}(u)+1)$ 時間．すなわち全体で $O(\mathrm{rank}(v)) = O(\log n)$ 時間である．

**（2）分割のアルゴリズム**　　$\mathrm{SPLIT}(T,v;T_1,T_2)$ のアルゴリズムを説明する．

$T$ の根を $r$ とおく．$a = \mathrm{key}(v)$ とおく．$r$ と $v$ を両端点とする $T$ 上の路を $p = \langle v_0 = r, v_1, \ldots, v_{k-1}, v_k = v \rangle$ とする．$k$ は $p$ の長さである．$p$ は $\mathrm{search}(a)$ を実行することで $O(k) = O(\mathrm{rank}(r) - \mathrm{rank}(v))$ 時間[†]で見つけることができる．

$T$ から $p$ 上の頂点を削除すると $k+2$ 個の部分木が得られる（図 5.18 参照．なお，この図では頂点の色は無関係である）．$v(= v_k)$ の左の子を $x$，右の子を $y$ とする．$i = 0, \ldots, k-1$ に対し，$v_i$ の子で $v_{i+1}$ ではないものを $v'_{i+1}$ とおく．

$v_0, \ldots, v_k$ と $T(v'_1), \ldots, T(v'_k), T(x), T(y)$ はそのキーが $a$ より大きいか小さいか，以下のように分類される．

---

† $\mathrm{rank}(r) - \mathrm{rank}(v) \geq 1$ に注意．

## 5.2 二色木

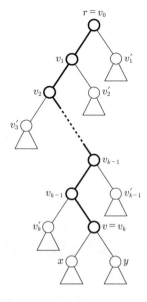

図 5.18 二色木の分割

- $v_i$ $(i \in \{1, \ldots, k-1\})$ が $v_{i-1}$ の左の子ならば $\text{key}(v_i) < a$ で，右の子ならば $\text{key}(v_i) > a$ である。
- $v'_{i+1}$ $(i \in \{0, \ldots, k-1\})$ が $v_i$ の左の子であるならば $\max_{u \in T(v'_{i+1})} \text{key}(u) < a$ で，右の子であるならば，$\min_{u \in T(v'_{i+1})} \text{key}(u) > a$ である。
- $\max_{u \in T(x)} \text{key}(u) < a$ かつ $\min_{u \in T(y)} \text{key}(u) > a$ である。

したがって，$v_0, \ldots, v_{k-1}$ と $T(v'_1), \ldots, T(v'_k), T(x), T(y)$ を上の条件に従ってそれぞれ合併して $T_1$ と $T_2$ とすればよい。

しかしそれを $O(\log n)$ 時間で行うにはどうしたらよいであろうか。部分木の数は $\Theta(\log n)$ 個あり，二つの木の合併は $\Theta(\log n)$ 時間かかるので，単純に計算すると計算時間は $\Theta(\log^2 n)$ 時間要りそうに見える。しかし，計算の順番をうまく工夫することで，全体を $O(\log n)$ 時間にできる。

それは，$v_k$ のほうから $v_0$ に向かって，順に合併していくのである。まず，各頂点 $v_0, \ldots, v_k, v'_1, \ldots, v'_k, x, y$ のランクを計算する。これは $p$ に添って計算していけばよいので，全体で $O(\log n)$ 時間でできる。

また，各部分木 $T(v'_1), \ldots, T(v'_k), T(x), T(y)$ の根 ($v'_1, \ldots, v'_k, x, y$) を黒

にしておくことで，おのおのを正しい二色木にできる（必要ならランクも変更しておく）。

最初に $T(x)$ を $T_1$ とし，$T(y)$ を $T_2$ とする。

つぎに $v_k$ が $v_{k-1}$ の右の子だったとする。すると $v_k'$ は $v_{k-1}$ の左の子になるが，この場合は，$\mathrm{MERGE}(T(v_k'), T_1, \mathrm{key}(v_{k-1}); T_1)$ を実行する。そして $v_k$ が $v_{k-1}$ の左の子だった場合には，$\mathrm{MERGE}(T_2, T(v_k'), \mathrm{key}(v_{k-1}); T_2)$ を実行する。

このように，$i = k-1, k-2, \ldots, 0$ と $p$ を遡りながら，$v_{i+1}$ が $v_i$ の右の子だったら $\mathrm{MERGE}(T(v_{i+1}'), T_1, \mathrm{key}(v_i); T_1)$ を実行し，左の子だったら $\mathrm{MERGE}(T_2, T(v_{i+1}'), \mathrm{key}(v_i); T_2)$ を実行する，という操作を繰り返していくことで，最終的に $T_1$ と $T_2$ を正しく得ることができる。

計算時間であるが，まず最初のランクの計算に $O(\log n)$ 時間要する。$T_1$ にキー $a$ を挿入する部分で，$O(\mathrm{rank}(v)) = O(\log n)$ 時間要する。そして各ステップにおける木の合併の計算時間であるが，根のランクはすでに計算済みであるので，あとは合併する二つの木のランクを $\rho, \rho'$（$\rho \geqq \rho'$）とすると，合併のアルゴリズムのところで説明したように，$O(\rho - \rho' + 1)$ 時間でこの合併操作が可能である。このことと，合併後の木のランクはたかだか $\rho + 1$ であることから，合併全体で $O(\mathrm{rank}(r) - \mathrm{rank}(v) + 1) = O(\log n)$ 時間でできることがわかる。

### 5.2.5　別のデータの管理

二色木の各頂点に，キーとは別の種類のデータを格納しておき，検索などの際にそれを使用したいこともある。例えば，頂点 $v \in T$ に $\mathrm{key}(v)$ とは独立に $\mathrm{weight}(v)$ という整数値データを与えておき，「weight が $a$ 以上 $b$ 以下である $v$ の中から key が最小（最大）のものを選ぶ」という操作を行いたいとする。これを効率的に行うためには，各頂点 $v$ に対し，その頂点を根とする部分木 $T(v)$ 内での weight の値の最小値と最大値を $v$ に覚えておくとよい。すなわち，以下のように定義する。

$$\mathrm{max\text{-}weight}(v) = \max_{u \in T(v)} \mathrm{weight}(u),$$

$$\text{min-weight}(v) = \min_{u \in T(v)} \text{weight}(u)$$

与えられた二分探索木 $T$ と weight$(v)$ $(\forall v \in V[T])$ に対し，全頂点の max-weight$(v)$ と min-weight$(v)$ を計算するのは，$T$ を後順に探索することで $O(n)$ 時間でできる。

データの挿入や削除，木の合併，分離を行った場合にもこのデータが正しく更新されている必要がある。時間を余計にかけてはいけないので，その更新は $O(\log n)$ 時間でできる必要があるが，これは大丈夫である。なぜならば，$v$ の子を $x, y$ とすると，max-weight$(x)$ と max-weight$(y)$ が正しく更新されていれば，それらと weight$(v)$ を用いて max-weight$(v)$ は正しく更新できるからである（min-weight$(v)$ も同様）。したがってデータが変更されたら，変更された頂点から根に向かって計算していけばよい。よって max-weight と min-weight は二分木の更新の時間を（オーダーの意味で）増やさずに管理することができる。

max-weight と min-weight が正しく管理されていれば，前述の「weight が $a$ 以上 $b$ 以下である $v$ の中から key が最小（最大）のものを選ぶ」の操作は以下のように行う。

区間 [min-weight$(v)$, max-weight$(v)$] が区間 $[a, b]$ と重ならない頂点 $v$ は存在しないものとして扱う（[min-weight$(v)$, max-weight$(v)$]$\cap [a, b] = \emptyset$ ならば，$v$ の任意の子 $v'$ も [min-weight$(v')$, max-weight$(v')$]$\cap [a, b] = \emptyset$ となるので，$v$ 以下は調べる必要がない）。その上で，基本的に通常の最小を見つける操作と同じように，左の子があるかぎり進む。そして左の子が存在しない頂点 $v$ に到達したとき，通常の最小を選ぶ操作ならばそれで終了であるが，weight$(v) \notin [a, b]$ である可能性があり，この場合には $v$ を選ぶわけにはいかない。

しかし [min-weight$(v)$, max-weight$(v)$]$\cap [a, b] \neq \emptyset$ であるので，$v$ の子孫の中に $[a, b]$ の中に入っている子が必ず存在する。左の子は存在しないので，右の子を改めて $v$ とすると [min-weight$(v)$, max-weight$(v)$]$\cap [a, b] \neq \emptyset$ であるので，そこからまた左の子をたどって，左の子が存在しない頂点に

106    5. 平衡二分探索木

達するまでつづける。

　以上の操作をつづければ，必ず weight$(v) \in [a,b]$ でありかつ左の子を
もたない $v$ が見つかり，それが求める頂点である。

　このアルゴリズムを記述すると以下のとおり。なお，[min-weight$(v)$, max-
weight$(v)] \cap [a,b] \neq \emptyset$ は「min-weight$(v) \leq b$ かつ $a \leq$ max-weight$(v)$」と同
値であり，$O(1)$ 時間で判定できる。

**procedure** MIN$(T, \text{weight}, a, b)$
**begin**
1　　$T$ の根を $r$ とする。
2　　**if** min-weight$(r) > b$ または $a >$ max-weight$(v)$ **then**
3　　　**output** "該当なし" **stop**;
4　　**endif**
5　　$v := r$
6　　**while** $v$ に左の子（$v'$ とする）が存在し
　　　　　　min-weight$(v') \leq b$ かつ $a \leq$ max-weight$(v')$ **do**
7　　　$v := v'$
8　　**enddo**
9　　**if** $a \leq$ weight$(v)$ かつ weight$(v) \leq b$ **then**
10　　　**output** $v$;  **stop**;
11　　**endif**
12　　$v$ の右の子を改めて $v$ とし **goto** 6 行目
**end.**

　この操作によって，weight が $a$ 以上 $b$ 以下である $v \in V[T]$ の中から key が
最小（最大）のものを選ぶことが $O(\log n)$ 時間でできる。この操作を利用する
具体例としてはタンゴ木（**5.4節** 参照）がある。

## 5.3 スプレー木

### 5.3.1 オンラインアルゴリズムと動的最適性予想

**（1） オンラインアルゴリズム** 二色木などの平衡二分探索木は，探索と挿入と削除をおのおの $O(\log n)$ の手間で行うことができる。もし，各データの出現確率があらかじめわかっていれば，最も効率がよいように，木の形を整えることができる。すなわち，出現確率が高い頂点ほど根に近く置いておくことで，探索時の発見が速くなり，全体としての計算の手間が軽減される。これを最適二分探索木と呼ぶ[63]。

しかし，実際には，多くの場合において，「あらかじめ各データの出現確率がわかっている」のは特殊な場合のみであろう。現実的な枠組みとしては以下のような考え方が妥当と思われる。

　　　　「未来のことはどうなるかわからないが，これまで起きた現象のみ

　　　　を情報として利用して，なるべく未来も最適に近づけるように，二

　　　　分探索木の構造を（回転操作を用いて）変化させる。」

この考え方に数学的な枠組みを与えるのが，オンラインアルゴリズムである[†1]。オンラインアルゴリズムは近年飛躍的に発達した分野であるが，ここでは平衡二分探索木を理解するのに必要な部分のみを解説しておく。

以下では説明を簡単にするために，二分探索木 $T$ は $n$ 個のデータからなり，挿入，削除の操作はなく，検索のみが行われる場合を考える[†2]。

二分探索木に対する検索要求の列を

$$\sigma = \langle \sigma_1, \ldots, \sigma_m \rangle$$

とする。ここに，各 $\sigma_i$ は具体的なデータを指定した検索要求である。検索要求は $\sigma_1, \sigma_2, \sigma_3, \ldots$ の順に与えられる。$\sigma$ の部分列で，$\sigma_1$ から $\sigma_i$ $(i \le m)$ まで

---

†1 オンラインアルゴリズムについて詳しくは文献 60) を参照。

†2 挿入や削除を行った場合に応用するには，挿入された頂点あるいは削除された頂点の親頂点に対して検索がされたとして，アルゴリズムを適用すればよい。

**108**　　5. 平 衡 二 分 探 索 木

から成るものを

$$\sigma^i = \langle \sigma_1, \ldots, \sigma_i \rangle$$

と表記する。これまで $\sigma_i$ までの要求が与えられているとする，すなわちアルゴ
リズムは $\sigma^i$ を知っているとする。しかし未来の要求 $\sigma_{i+1}, \ldots, \sigma_m$ はわからな
いし，要求の総数 $m$ すらわからないとする。このような前提のアルゴリズムを
**オンラインアルゴリズム**（online algorithm）という。オンラインアルゴリズ
ムはこの前提の下で，二分木をどのように変形させるのかを決めなければなら
ない。

　ここまで解説してきた二分探索木は，陽に述べなかったが，このオンライン
アルゴリズムの枠組みに入っている。

　**（2）　オンラインアルゴリズムの評価法 ── 競合比**　　オンラインアルゴリ
ズムのよし悪しはどうやって評価するのが妥当だろうか？その指標として以下
のものが用いられる。

　　　　未来の入力すべて（すなわち $\sigma$ 全体）を知っている場合の最適な
　　　　（計算時間最小の）アルゴリズムと比較して，最悪その何倍以内の
　　　　計算時間で実行できるのか？

　未来の入力をすべて知っているアルゴリズムのことをオンラインアルゴリズム
との対比で，**オフラインアルゴリズム**（offline algorithm）といい，上記の指
標を**競合比**（competitive ratio）という。競合比の定義をきちんと書くと以下
のとおりである。なお，以下では二分探索木の検索に要する計算時間のことを
コストと呼ぶこともある。

---

● **定義 5.1**　　評価したいオンラインアルゴリズムを ALG とする。入力
　要求列 $\sigma$ に対する ALG のコストを ALG$(\sigma)$ とし，$\sigma$ に対する最適なオ
　フラインアルゴリズムのコストを OPT$(\sigma)$ とすると，本問題に対する
　競合比 CR(ALG) は以下で与えられる。

$$\mathrm{CR(ALG)} := \max_{\sigma \in \Sigma} \frac{\mathrm{ALG}(\sigma)}{\mathrm{OPT}(\sigma)} \tag{5.1}$$

ただし，$\Sigma$ は $n$ 個のデータに対する検索からなる入力要求列 $\sigma$ で，$|\sigma| = m \geq n$ であるものの集合である。

上記の定義の中の $|\sigma| = m \geq n$ という制約は，$m$ があまりにも小さいと二分探索木の初期状態の影響が無視できなくなってしまうことから加えられている。

（**3**）　**動的最適性予想**　　オフラインアルゴリズムはオンラインアルゴリズムを含むので，競合比の自明な下界は 1 である。競合比が 1 に近いほど，性能のよいオンラインアルゴリズムということになる。しかし二分探索木に関しては，どのオンラインアルゴリズムに対しても，競合比が定数で抑えられることはいまだ証明されていない。

例えば，長さ $m$ の入力列 $\sigma$ に対する $\mathrm{OPT}(\sigma)$ の自明な下界は $m$ である。一方，二色木などの平衡二分探索木は一つの探索，挿入，削除の操作を $O(\log n)$ 時間で実行できるので，そのコストは $O(m \log n)$ となるため，競合比 $O(\log n)$ を達成している。長らくこれが競合比最小のものだったが，2004 年に提案されたタンゴ木が競合比 $O(\log \log n)$ を達成した（タンゴ木については **5.4 節**で説明する）。

スプレー木[37]は，タンゴ木以前に提案されたものだが，競合比が定数ではないかと予想されている。この予想のことを**動的最適性予想**（dynamic optimality conjecture）という。

### 5.3.2　スプレー木のアルゴリズム

**スプレー木**（splay tree）の基本操作はつぎのスプレー操作と呼ばれるものである。スプレー木 $T$ 上の頂点 $v$ に対するスプレー操作は，$v$ に対する回転操作によって，$v$ を根のほうに近づけるものである。ただし，$v$ の親 $w = p(v)$ とその親 $x = p(w)$ の位置関係によって，少し操作の方法が異なる。

- **場合 1：zig 型**：$w$ が根の場合（$x$ が存在しない場合）。

## 5. 平衡二分探索木

図 **5.19** zig 型の操作

$v$ に対して回転操作を行う（図 **5.19** 参照）。

- 場合 **2**：**zig–zag** 型：「$v$ が $w$ の右の子で $w$ が $x$ の左の子」もしくは「$v$ が $w$ の左の子で $w$ が $x$ の右の子」の場合。

  $v$ に回転操作を 2 回連続で適用する（双回転）（図 **5.20** 参照）。

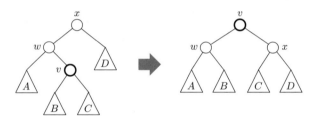

図 **5.20** zig–zag 型の操作

- 場合 **3**：**zig–zig** 型：「$v$ が $w$ の左の子で $w$ が $x$ の左の子」もしくは「$v$ が $w$ の右の子で $w$ が $x$ の右の子」の場合。

  まず $w$ に対して回転操作を行い，つぎに $v$ に対して回転操作を行う（図 **5.21** 参照）。

スプレー木のアルゴリズムは，検索要求の結果，頂点 $v$ がそのデータをもつ

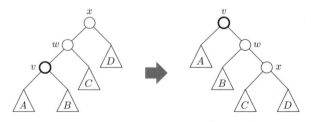

図 **5.21** zig–zig 型の操作

ている頂点として発見されたとき，頂点 $v$ に上記のスプレー操作を繰り返し適用することで，$v$ を根までもっていく．すなわち，一度検索された頂点を根にもっていくことで，次回から検索要求があった場合に，すぐアクセスできるようにしておくのである[†]．

　スプレー木の工夫されているところは，単に回転操作を繰り返していくのではない点にある．具体的には，「zig–zig 型」のとき，単に $v$ に 2 回移転操作を施すと図 5.22 のようになり，スプレー木の結果（図 5.21）とは異なっている．この違いは一見大したことがないようにも思えるが，具体例を見てみるとその効果がわかる．

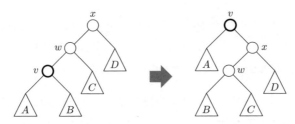

**図 5.22** zig–zig 型で単に $v$ での回転を 2 回連続で施した場合

　例えば，図 5.23（a）のような偏った木が与えられているとする．この木に対して，もし，これを頂点 1 に対する回転操作のみで，1 を根に移動させたとすると，この場合，図（b），（c）ような変化を経て，最終的に図（d）の形の木

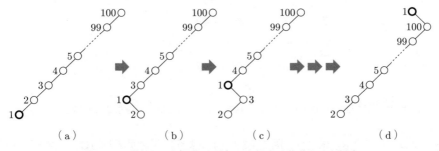

**図 5.23** 単純な回転操作で頂点 1 を根まで移動させた場合

---

[†] 直感的にいって，これは妥当な方法であり，実際，スマートフォンの文字変換などで候補に現れる変換候補を決めるアルゴリズムは，この方法を基本としている．

になる。

しかしスプレー木の場合，zig–zig型が連続するので，図 5.24 ( b )，( c ) のような変化を経て，最終的に図 ( d ) の形の木になる。図 5.23 ( d ) の木の深さが $n-1$ で元とほとんど変わらないのに対し，図 5.24 ( d ) の木の深さは $\lfloor n/2 \rfloor + 1 = \Theta(n/2)$ と，約半分になる。

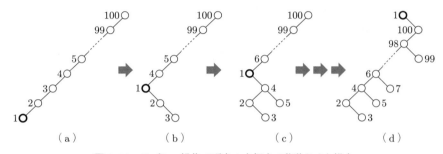

図 5.24　スプレー操作で頂点 1 を根まで移動させた場合

さらにこれらに対して，頂点 2 を同様の方法で根まで移動させた場合，通常の回転操作のみだと図 5.25 で示したように，木の深さは $n-2$ にしかならないが，スプレー木操作の場合は，図 5.26 に見られるように，$\lfloor n/4 \rfloor + 3 = \Theta(n/4)$ と，さらに半分になる。

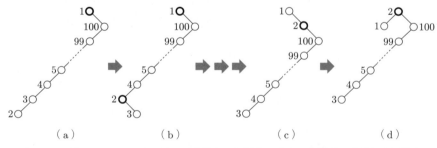

図 5.25　図 5.23 ( d ) の木に対し，単純な回転操作で頂点 2 を根まで移動させた場合

なお，最初の木の構造が，図 5.27 ( a ) のようにジグザグの場合は，図 ( b ) 〜( e ) に示すように回転操作のみで高さを半分にできるため，スプレー木においても同じ操作を用いる。

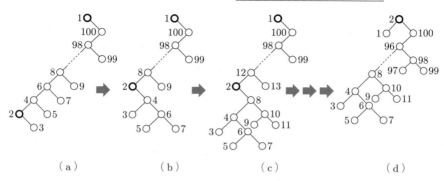

図 5.26　図 5.24（d）の木に対し，スプレー操作で頂点 2 を根まで移動させた場合

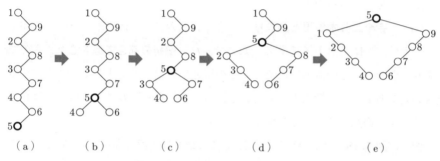

図 5.27　木全体が zig–zag 型の場合

　このように，スプレー木は zig–zig 型のとき少し工夫することで，仮に検索に時間がかかる場合があっても，そこでたどった路の長さを一気に半分にしてしまうので，その後の検索が高速になるのである。

### 5.3.3　スプレー木の $O(\log n)$ 競合化[*]

## 5.4　タ ン ゴ 木

### 5.4.1　タンゴ木の基本思想とインターリーブ限界

　5.3 節の最後に記したように，スプレー木は競合比が定数になると予想されているが，まだその証明はなされていない。一方，スプレー木や二色木などの

ほとんどの平衡二分探索木の競合比は $O(\log n)$ であることがわかっている。証明されているものとしてはこれが長らく最良であったが，Erik D. Demaine, Dion Harmon, John Iacono, Mihai Patrascu によって 2004 年に提案された**タンゴ木**（Tango tree）[13] が競合比 $O(\log \log n)$ を達成した。

本節ではタンゴ木の解説をする。前節につづき本節でも，二分探索木にはあらかじめ $n$ 個のデータが格納されており，検索要求のみが起きるとして解説する。初期状態の木は任意でよい[†]。

タンゴ木の基本思想は，完全二分木を利用した検索の下界値（インターリーブ限界）を表す構造の模倣である。その説明を以下で行う。

**（1） 完全二分木表現と跡取り**　　扱う $n$ 個のデータが格納されている完全二分木の二分探索木 $P$ を考える。ここで，$P$ は**解析の都合で導入された**ものであり，タンゴ木そのものではなく，その構造は最後まで変化しないことに注意が必要である。二分探索木との違いをはっきりさせるために，$P$ の頂点は頂点と呼ばず，節点と呼ぶことにする。

例えば図 5.28 の木が $P$ だとして，ここに最初に検索命令 search(5) が与えられたとする。すると検索は $8 \to 4 \to 6 \to 5$ のように進んで 5 に到達する。このとき，途中で経由した節点において，左右どちらに進んだのかを**跡取り**（prefered child）として記憶しておく。例えば，節点 8 の跡取りは左で，節点 4 の跡取りは右，節点 6 の跡取りは左である。葉である節点 5 には跡取りは存在しない。

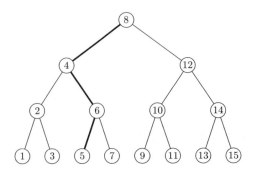

図 5.28　$P$ と跡取りの例

---

[†] 競合比の定義より，入力列が $n$ 以上なので，初期状態の影響は消すことができる。

図 5.28 に跡取りを太線で示しておく。

つぎに search(10) が与えられたとすると，今度は $8 \to 12 \to 10$ と進んで 10 に到達する。このとき，節点 8 の跡取りは左 (4) から右 (12) に変わる。節点 12 の跡取りは左と設定される。節点 10 から先には進んでいないが，葉でない節点の場合は，そこで検索が止まった場合には，便宜上，その節点の跡取りは左に設定されるものとする。したがってこの場合，節点 10 の跡取りは左になる。その結果，跡取りは図 **5.29**（a）のようになる。

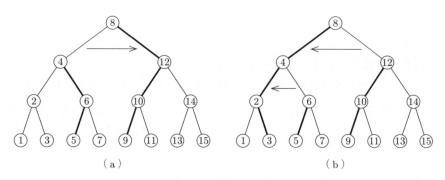

図 **5.29** 跡取りの切替え

そのつぎに search(3) が与えられたとすると，検索は $8 \to 4 \to 2 \to 3$ のように進んで 3 に到達する。すると節点 8 の跡取りは再度右から左に変更される。そして節点 4 の跡取りも右から左に変わる。節点 2 の跡取りは 3 と設定される。その結果，跡取りは図 (b) のようになる。以上のように，検索要求が来るたびに，各節点は一番最後に進んだ方向を跡取りとして記憶しておく。その結果，おのおのの葉節点から根の方向へ向かう $\lceil n/2 \rceil$ 本の独立な路ができることになる図 **5.30** にその例を示す。

**（2） インターリーブ限界** これらの操作で何回跡取りを切り替えたか，という情報が検索コストの下界値の算出に利用できる。入力列 $\sigma = \langle \sigma_1, \ldots, \sigma_m \rangle$ において，各 $\sigma_i$ が与えられたときに，跡取りを変えた節点の数を $\mathrm{IB}_i(\sigma)$ とおき

$$\mathrm{IB}(\sigma) := \sum_{i=1}^{m} \mathrm{IB}_i(\sigma)$$

## 5. 平衡二分探索木

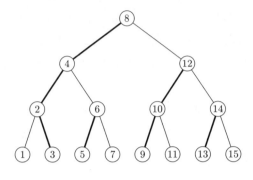

図 5.30 すべての内点に
跡取りができた様子

と定義する。

例えば上記の例では $\sigma_1 = \text{search}(5)$, $\sigma_2 = \text{search}(10)$, $\sigma_3 = \text{search}(3)$ であり, $\sigma_1$ のときは最初であるから $\text{IB}_1(\sigma) = 0$ で, $\sigma_2$ のときは節点 8 の跡取りが変化するので $\text{IB}_2(\sigma) = 1$ で, $\sigma_3$ のときは節点 8 と 4 の跡取りが変化するので $\text{IB}_3(\sigma) = 2$ である。したがって $\sigma = \langle \sigma_1, \sigma_2, \sigma_3 \rangle$ だとすると, $\text{IB}(\sigma) = 0 + 1 + 2 = 3$ となる。

ここから二分探索木のコストの下界値が得られる。

◎ **定理 5.1** 任意の入力列 $\sigma$ に対し, 二分探索木の検索のコストの最小値 $\text{OPT}(\sigma)$ は以下の式を満たす。

$$\text{OPT}(\sigma) \geq \frac{\text{IB}(\sigma)}{2} - n$$

本定理の証明は後ほど与える。本定理によって与えられるコストの下界値を**インターリーブ限界**(interleave bound)と呼ぶ。そしてタンゴ木のコストは以下のようになる。

◎ **定理 5.2** $n$ 個のデータよりなる任意の入力列 $\sigma$ に対し, タンゴ木のコストはたかだか以下の値である。

$$O((\text{OPT}(\sigma) + m)(1 + \log \log n))$$

この二つの定理を合わせることで，タンゴ木の競合比が $O(\log \log n)$ であることが証明される（証明は後ほど与える）。

### 5.4.2 タンゴ木の構造

跡取りをたどる路を**嫡流**（preferred path）と呼ぶ．例えば図 5.30 において，$\langle 4, 2, 3 \rangle$ や $\langle 12, 10, 9 \rangle$ はそれぞれ嫡流である．タンゴ木のデータ構造は，おのおのの嫡流を二色木（これを補助木と呼ぶ）で記憶し，おのおのの補助木を二分探索木の規則に従って接続して，全体として二分探索木を構成するというものである（この部分について後ほどもう少し詳しく説明する）．

例えば図 5.30 のおのおのの嫡流を表現する二色木（補助木）は**図 5.31**（a）のようになる．なお，**5.2.1 項**の二色木の定義において

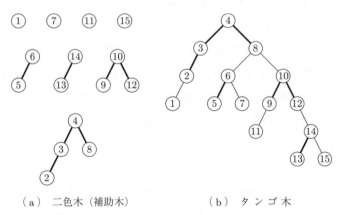

（a）二色木（補助木）　　　（b）タンゴ木

**図 5.31** 各嫡流を表現する二色木（補助木）とタンゴ木

(ⅰ) 葉以外の頂点は必ず二つの子をもち，データは葉以外の頂点すべてに一つずつ格納されている．

としたが，補助木においては，これらの葉は使用しないものとする（補助木の調整をする場合には，あたかも存在するかのように考えて，アルゴリズムを実

**118**　　5.　平衡二分探索木

行すればよい)。

　これらを接続してできたタンゴ木が図 ( b ) である（補助木内の辺は太線で,
補助木と補助木を結ぶ辺は細線で表してある)。各補助木内の頂点数は, 対応す
る嫡流の節点数なので, 完全二分木の高さ $O(\log n)$ で抑えられる。よって補助
木内での検索にかかるコストは頂点数 $O(\log n)$ における二色木の検索のコスト
なので, $O(\log \log n)$ である。

　なお, 上で

　　　　おのおのの補助木を二分探索木の規則に従って接続して, 全体とし

　　　　て二分探索木を構成する

と書いた部分が, どんな場合でも本当に実行可能であるかどうかをここで確か
めておこう。最終的に構成する二分探索木を $T$ と表すことにする。そして（ⅰ）
$T$ における二つの補助木の親子関係と, （ⅱ）$T$ は正しく二分木になるか, の二
点について述べておく。

（ⅰ）　まず $P$ の根である節点を含む嫡流を表す補助木（$T_0$ とする）が $T$ の
　　　根の部分に来る。そしてつぎに, $T_0$ に含まれる節点を親としてもつ節点
　　　を含む嫡流を表す補助木が, $T_0$ の子として接続される。例えば, 図 5.30
　　　では嫡流 $\langle 8, 4, 2, 3 \rangle$ に対し, 三つの嫡流 $\langle 12, 10, 9 \rangle$, $\langle 6, 5 \rangle$, $\langle 1 \rangle$ がその子
　　　としてつながっているため, 図 5.31 ( b ) においても, それぞれに対応す
　　　る補助木が根の補助木の子として接続している。以下このように, 嫡流
　　　同士の親子関係が $T$ における親子関係にそのまま反映されるようにする。

（ⅱ）　上述のように補助木同士の親子関係を定めた場合, 二分探索木の構造を
　　　壊さない形で必ず接続できることも確かめておく必要がある。例えば補
　　　助木 $T_1$ の子として補助木 $T_2$ を接続しようとした場合に, $T_2$ の根を接続
　　　するのに適切な $T_2$ の場所にすでに他の頂点が子として存在していたら,
　　　そこに $T_2$ を接続できないことになる。しかし, 少し考察を加えれば, こ
　　　のようなことは起きないことがわかる。補助木 $T_1$ の子が補助木 $T_2$ であ
　　　るということは, 補助木 $T_2$ に含まれるキーの最小値と最大値をおのおの
　　　$a, b$ とすると, $T_1$ 内には $[a, b]$ 内のキーは存在しない（例えば上の例で,

嫡流 $\langle 8,4,2,3 \rangle$ とその子の嫡流 $\langle 6,5 \rangle$ の関係をみると，$\{2,3,4,8\}$ には区間 $[5,6]$ 内のキーは存在しない）。したがって，$T_2$ が接続する位置は，$T_1$ における $a$ より小さい最大値（上の例では 4）の右の子か，$T_1$ における $b$ より大きい最小値（上の例では 8）の左の子かのどちらかになるが，$T_1$ 内に $[a,b]$ 内のキーは存在しないことから，そのどちらかは空いていなければならない。したがって，つねに接続する場所があり，二分探索木の条件を壊さないのである。

検索によって跡取りと異なる方向へ進む場合，跡取りも変更されるので，嫡流に対応する二色木も変更される。例えば図 5.31 ( b ) のタンゴ木に search(5) が要求された場合，嫡流が **図 5.32** ( a ) のように変わるので，タンゴ木も図 ( b ) のように変わる。

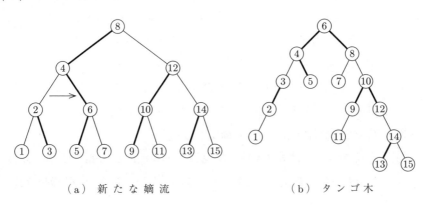

（a）新たな嫡流　　　　　　（b）タンゴ木

図 **5.32**　新たな嫡流とそれを表すタンゴ木

検索にかかる時間は $O([通過する補助木の数] \times \log \log n)$ なので，後は，跡取りの変化による補助木のつくり替えが，変化する跡取り一つごとに $O(\log \log n)$ 時間でできるようにできれば，全体の手間がインターリーブ限界値の $O(\log \log n)$ 倍程度でできることになる。

### 5.4.3　補助木のつくり替え

補助木は二色木でつくられているので，**5.2節**で解説した操作の組合せによっ

## 120　　5. 平衡二分探索木

て，補助木のつくり替えを行う．以下では簡単のため，$P$ の節点 $v$ に対応する補助木（タンゴ木）の頂点も，混乱の恐れがないかぎり，同じ $v$ という記号で表すことにする．

　補助木のつくり替えのためには，$P$ における深さのデータを頂点 $v$ に格納しておく必要がある．節点 $v \in V[P]$ の $P$ における深さを depth$(v)$ とし，各頂点 $v \in V[T]$ にそのデータを割り当てておく．そのとき，**5.2.5 項**で説明した weight$(v)$ のように，各頂点 $v$ に $T(v)$ 内の頂点 $u \in T(v)$ の depth$(u)$ の最大値と最小値を max-depth$(v)$ と min-depth$(v)$ のように記憶させておく．**5.2.5 項**で解説したように，このデータの管理は二色木の計算の手間を（オーダーの意味で）増やさずに行える．

　$P$ の節点 $v$ の跡取りが左の子（$x$ とする）から右の子（$y$ とする）に変わった場合を考える（逆の場合も同様である）．$v$ を含む嫡流に対応する補助木（二色木）を $T$，$y$ を含む嫡流（$y$ が最も根に近い節点となる）に対応する補助木（二色木）を $T'$ とする．すべきことは以下の二つの操作である．

（ i ）　$T$ を depth が depth$(v)$ 以下の頂点からなる補助木 $T_1$ と depth が depth$(v)$ より大きい頂点からなる補助木 $T_2$ に分割する．

（ii）　$T_1$ と $T'$ を併合して一つの補助木にする．

　（ i ）と（ii）を行うには **5.2.4 項**で解説した MERGE と SPLIT を用いる．以下でおのおののやり方を詳しく説明する．なお，以下では $T$ と $T'$ の頂点数はたかだか $k$ であるとする．

（ i ）　$T_2$ を $T$ より分離するということは，ある範囲 $[a, b]$ にキーが属するものを切り出すことに等しい（$T_2$ 内の最小のキーが $a$ で最大のキーが $b$ であるとする）．この $a$ と $b$ の値は，節点 $x$ から葉に向かって $P$ を遡ればわかるが，それには $O(k)$ 時間かかる．全体の操作を $O(\log k)$ 時間で行うためには，$P$ ではなく $T$ 内の検索で行わなければならない．そこで depth のデータを用いる．$T_2$ のデータは $T$ 内で深さが $d := \mathrm{depth}(v)$ より大きいものなので，$T$ において「depth が $d + 1$ 以上」という制約の下での最小キーをもつ頂点（$\ell$ とする）と最大キーをもつ頂点（$r$ とする）を探せばよい．

これは **5.2.5 項**で説明した操作を用いれば $O(\log k)$ 時間でできる。そしてつぎに $T$ 内で $\ell$ よりキーが小さい頂点の中の最大キーの頂点 $\ell'$ と，$r$ よりキーが大きい頂点の中の最小キーの頂点 $r'$ を見つける（これは通常のキーの検索アルゴリズムを用いて $O(\log k)$ 時間でできる）。

つぎに

$$\text{SPLIT}(T, \ell'; T_L, T'')$$

を実行する（図 **5.33**（ a ），( b ) 参照）。この結果 $T_L$ と $T''$ はおのおの $\ell'$ の左と右の子の部分木とする。さらに

$$\text{SPLIT}(T'', r'; T_2, T_R)$$

を実行すれば得られた $T_2$ は，所望の $T_2$ である（図 ( c )）。さらにここで，$T_2$ と $T_R$ はおのおの $r'$ の左と右の子の部分木としておく。ただし $r'$ と $T_2$ を結ぶポインタは補助木間のポインタとして印を付けておき，$r'$ と右の子の部分木 $T_R$ を合わせたものを一つの二色木として（印を付けたポインタ

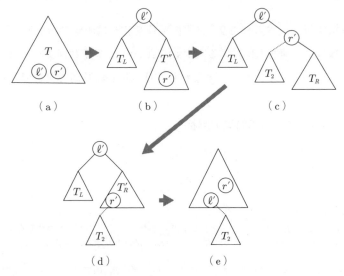

図 **5.33** 補助木のつくり替え

122    5. 平衡二分探索木

はないものと考えて）平衡操作を行い，得られた二色木を $T'_R$ とする（図
（ d ））[†1]。そして $T'_R$ と先に得ている $T_L$ をおのおの $\ell'$ の右の子と左の子と
考えた二色木に平衡操作を施して，得られた二色木が $T_1$ である（図（ e ））。
ただし最後の部分で一点注意すべきことがある。$T_1$ において，もし $r'$ に左
の子が出現してしまった場合は，$T_2$ をそのまま $r'$ の左の子にしておくわ
けにはいかない。しかし，この場合には $\ell'$ の右の子は存在しない[†2] ので，
$T_2$ を $\ell'$ の右の子に付け替えればよい。

（ii） $T'$ に属する頂点のキーの最小値を $a$，最大値を $b$ とすると，$T_1$ には区間
$[a,b]$ に属するキーをもつ頂点は存在しない。よって，まず $T_1$ を検索して
$a$ 未満で最大のキーをもつ頂点 $\ell$ と，$b$ より大きく最小のキーをもつ頂点 $r$
を見つけ（$O(\log k)$ 時間）

$$\text{SPLIT}(T_1, \ell; T_L, T'') \quad \text{と} \quad \text{SPLIT}(T'', r; T''', T_R)$$

を実行し（$T''' = \emptyset$ となる），図 5.33（ c ）のような構造の木を得る。そして

$$\text{MERGE}(T_L, T', \text{key}(\ell); T'') \quad \text{と} \quad \text{MERGE}(T'', T_R, \text{key}(r); T^*)$$

を順に実行し，得られた $T^*$ に平衡操作を施せば所望の補助木を得る。

以上の操作は，補助木に対する MERGE と SPLIT を定数回実行すればよいの
で，補助木の高さのオーダー，すなわち $O(\log\log n)$ 時間で実行できる。

### 5.4.4 タンゴ木の計算時間の解析[*]

---

†1 $T_R$ 内には $r'$ より大きなキーをもつ頂点しかないので，平衡操作の結果も $r'$ は左の子
はもたない。したがってそこに $T_2$ との（印を付けた）ポインタがあっても，二分木の
構造は壊れない。

†2 なぜならば，$T_2$ を切り出したことにより $T_L$，$\ell'$，$T'_R$ 内では $\ell'$ と $r'$ の間のキーは存
在しない。

プログラム演習　123

# 演習問題

**【1】** アルゴリズムが二つの数値の大小比較の結果のみに基づいて動作するかぎり，探索が $\Omega(\log n)$ 時間かかることを証明せよ（**5.1.1 項** 参照）。

〔ヒント〕 定理 3.2 （66 ページ）と同様の方針でできる。

# プログラム演習

**【1】** スプレー木のプログラムを作成し，ランダムを含めさまざまな挿入と削除の列を与え，木の高さの変化を調べそれが $O(\log n)$ となっていることを確かめよ。

**【2】** スプレー木とは異なり，被探索頂点に対する回転操作のみ（すなわち，zig–zig の場合に図 5.21 ではなく，図 5.22 の操作を実行する）を施した場合に対し，プログラム演習【1】で作成したスプレー木のプログラムと同じ命令の列を実行し，両者の木の高さを比較せよ。入力列が偏っている（例えば 1, 2, ..., $n$ の順に挿入され，その後 $n$, $n-1$, ..., 1 の順に探索されるなど）場合についても比較すること。

# 6 古典的アルゴリズム

## 6.1 最小木問題[†]

### 6.1.1 問題の定義

グラフ $G = (V, E)$ の頂点あるいは辺に重みや長さ，容量などの数値を付与したものをネットワーク（network）と呼ぶ．各辺 $e \in E$ に重み weight$(e)$ が与えられたネットワーク $(G = (V, E), \text{weight})$ を考える．$G$ の部分グラフ $G' = (V', E')$ に対し，その重み weight$(G')$ を

$$\text{weight}(G') = \sum_{e \in E'} \text{weight}(e)$$

で定義する．以下では $|V| = n$, $|E| = m$ とする．

**最小木問題**（minimun spanning tree problem）
**入力** 連結グラフ $G = (V, E)$，辺の重み関数 weight $: E \to \boldsymbol{R}$
**要請** $G$ の全域木 $T$ の中で重み weight$(T)$ が最小のものを求めよ．

例えば図 **6.1**（a）は最小木問題の問題例である．各辺の脇の数字がその重みを表している．そして図（b）において太線で表された辺で構成される木がこの問題例の解（すなわち最小木）であり，その重みは 33 である．

---

[†] 本章では，「最小木問題」，「最短路問題」，「彩色問題」の三つを取り上げるが，その他の問題については参考文献リストにある教科書類，例えば文献 39), 43), 44), 50), 56), 58) などを参照のこと．

6.1 最小木問題　　125

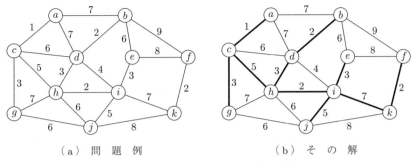

(a) 問題例　　　　　　(b) その解

図 **6.1**　最小木問題の問題例とその解

### 6.1.2 貪欲算法とクラスカルのアルゴリズム

最小木問題にはつぎの戦略が有効である。

**貪欲算法**（greedy algorithm）:

- 局所的に見てよさそうなものを優先的に取り入れる。
- いったん選んだものは捨てない。

これを実現するアルゴリズムとして，**クラスカル**（Kruskal）**のアルゴリズム**とプリム（Prim）のアルゴリズムが有名である。ここはクラスカルのアルゴリズムを解説する。このアルゴリズムの考え方は以下のとおり。

> 最初 $T = (V, F = \{\emptyset\})$ から始め，辺を重さの軽い順に見ていって，その時点で閉路ができないかぎり $F$ に加えていく（閉路ができる場合は加えない）。$T$ が全域木になったら終了。

例えば図 6.1 の例で見ていこう。このネットワークにおいて最小重みの辺は $(a,c)$ であり，その重みは 1 である。したがってまず辺 $(a,c)$ が $F$ に入る。つぎに重みの軽い辺は重み 2 の $(b,d)$，$(f,k)$，$(h,i)$ の三辺である。これはどの順に扱っても構わない。三辺すべて入れても $F$ に閉路はできないので，三辺とも $F$ に入ることになる。その後，重み 3 の辺 $(c,g)$，$(d,h)$，$(e,i)$ も問題なく $F$ に入れられる。この時点での $F$ が図 **6.2** の太線で表された森である。アルゴリズムはつぎに軽い重み 4 の辺 $(d,i)$ を調べるが，すでに $(d,h)$ と $(h,i)$ が

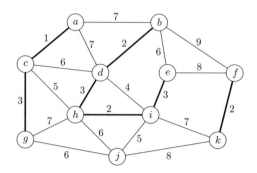

図 **6.2** クラスカルの
アルゴリズムの途中

$F$ に入っているため，この辺を入れると閉路ができてしまう．したがって $(d,i)$ は $F$ に入れずに，つぎに軽い辺を調べにいき，重み 5 の辺 $(c,h)$ と $(i,j)$ がつぎつぎと $F$ に入れられる…．このようにアルゴリズムは進行していき，最終的に図 6.1（b）の最小木が得られる．

$F$ に $e=(u,v)$ を加えたら閉路ができるか否かの判定は，グラフ $(V,F)$ において $u$ と $v$ が連結しているかどうかということなので，$(V,F)$ を探索すればできる．しかしこの方法では，各探索に $\Omega(n)$ 時間かかってしまう可能性があり，全体の計算時間が $O(n^2)$ としか見積もれない．

ここの部分の判定を高速に行うには，**4.4 節**で扱った UNION–FIND の技法を用いることができる．すなわち，部分グラフ $T=(V,F)$ に対し，各連結成分を部分集合と考えれば，辺 $(u,v)$ を入れることで閉路ができるか否かの判定は，「頂点 $u$ の属している部分集合と頂点 $v$ の属している部分集合が等しいならば閉路ができ，異なるならばできない」というように判定できる．すなわち FIND$(u)$ と FIND$(v)$ を実行すればよいことになる．

辺 $(u,v)$ を $F$ に入れる場合は，UNION(FIND$(u)$, FIND$(v)$) を実行すれば，連結成分の情報が更新できる．

全体で $n-1$ 回の UNION[†1] とたかだか $2m$ 回の FIND を実行すればよいので，定理 4.2 よりこの部分の計算時間は $O(m\alpha(m,m))$ 時間[†2] でよく，これは

---

[†1] 森 $T=(V,F)$ が全域木となる必要十分条件は $|F|=n-1$ である．
[†2] 全域木が存在するためには $m \geq n-1$ でなければならないので，$m=\Omega(n)$ と仮定してよい．なお $m=O(n^2)$ より $\log m = O(\log n)$ である．

最初に辺の重みで整列する手間 $O(m \log n)$ より少ない。

このアルゴリズムの形式的表記は以下のとおりである。

**procedure** KRUSKAL$(G, \text{weight})$

**begin**

1 $F := \emptyset$ とし，各頂点に対応した $n$ 個の部分集合 $\{v_1\}, \ldots, \{v_n\}$ を作成する。

2 辺を重さの軽い順† に並べ替え $e_1, \ldots, e_m$ とする。

3 **do for** $i = 1$ **to** $m$

4 　$e_i$ の両端点を $u, v$ とする。

5 　**if** FIND$(u) \neq$ FIND$(v)$ **then**

6 　　$F := F \cup \{e_i\}$; **call** UNION$(u, v)$

7 　　**if** $|F| = n - 1$ **then stop**;

8 　**endif**

9 **enddo**

**end.**

### 6.1.3　クラスカルのアルゴリズムの正当性

クラスカルのアルゴリズムの正当性を証明しよう。全域木 $T = (V, F)$ より辺 $(u, v) \in F$ を削除すると，$V$ は二つの連結成分に分割される。そのうち，$u$ 側の（すなわち $u$ を含む）連結成分を $T(u)$，$v$ 側の連結成分を $T(v)$ とする。$G$ における $T(u)$ の頂点と $T(v)$ の頂点間の辺集合（カット）を

$$E_T(u, v) := E(V[T(u)], V[T(v)])$$
$$= \{(x, y) \in E \mid x \in V[T(u)], y \in V[T(v)]\}$$

とする。

まずつぎの補題は全域木について一般的に成立する。

---

† 同じ重さの辺の間はどのような順番でもよい。

**128**　　6.　古典的アルゴリズム

○**補題 6.1**　　連結グラフ $G$ の任意の全域木を $T = (V, F)$ とする。$T$ に属さない任意の辺 $e \in E - F$ を $T$ に加えてできたグラフ $(V, F \cup \{e\})$ は閉路をただ一つ含み、その閉路は $e$ を含む。さらにその閉路上の任意の辺 $e'$ を削除してできたグラフ $(V, F \cup \{e\} - \{e'\})$ は $G$ の全域木である。

　[証明]　　$e = (u, v)$ とすると、$T$ が全域木であることから、$T$ 上で $u$ と $v$ は連結であり、$T$ は閉路をもたないことから、$T$ 上の $u$–$v$ 路はただ一つ存在する。それを $P_T(u, v)$ とする。$P_T(u, v)$ に $(u, v)$ を加えたものは閉路であり、この閉路 $C_T(u, v)$ は $(V, F \cup \{e\})$ に含まれ、明らかにそれが $(V, F \cup \{e\})$ の唯一の閉路である。

　つぎに、$C_T(u, v)$ は閉路なので、$(V, F \cup \{e\})$ から任意の $e' \in C_T(u, v)$ を一つ削除しても連結性は失われず、辺の数は $T$ と等しいので、これは全域木である。　　　　　　　　　　　　　　　　　　　　　　　　　　　　　　　□

さらにつぎの補題が成立する。

○**補題 6.2**　　連結グラフ $G = (V, E)$ の全域木 $T = (V, F)$、$F \subseteq E$ が最小木である必要十分条件は、任意の $e = (u, v) \in F$ に対し、以下の式が成立することである。

$$\text{weight}(e) = \min_{f \in E_T(u, v)} \text{weight}(f) \tag{6.1}$$

　式 (6.1) は $e = (u, v)$ がカット $E_T(u, v)$ のうちで最小重みの辺であることを意味している。例えば図 6.1 ( b ) の最小木を $T$ とし、辺 $(h, i)$ によって定まるカット $E_T(h, i)$ は**図 6.3** の網掛けで示された二つの頂点部分集合間の辺の集合、すなわち

$$E_T(h, i) = \{(b, f), (b, e), (d, i), (h, i), (h, j), (g, j)\}$$

であり、$(h, i)$ の重さは 2 であるので、これらの中で最小であり、式 (6.1) に反していないことが確かめられる。

　[証明]　**補題 6.2 の証明**　　まず必要性、すなわち「$T = (V, F)$ が最小木ならば任意の $e = (u, v) \in F$ に対し式 (6.1) が成立する」ことを証明する。ある $e = (u, v) \in F$

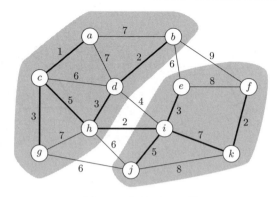

図 **6.3** 式 (6.1) の例

に対し式 (6.1) が成立しない，すなわちある $e' \in E_T(u,v)$ で $\mathrm{weight}(e') < \mathrm{weight}(e)$ であるものが存在すると仮定する。

すると $T$ より $e$ を削除して代わりに $e'$ を加えたもの $T' = (V, F')$, $F' := (F - \{e\}) \cup \{e'\}$ はやはり $G$ の全域木であり，その重みは

$$\mathrm{weight}(T') = \mathrm{weight}(T) - \mathrm{weight}(e) + \mathrm{weight}(e') < \mathrm{weight}(T)$$

となる。すなわち $T$ よりも重みの小さい全域木 $T'$ が存在することになり，$T$ は最小木ではない。よって必要性が証明された。

つぎに十分性，すなわち，「任意の $e = (u,v) \in F$ に対し式 (6.1) が成立するならば $T = (V, F)$ は最小木である」ことを証明する。$T = (V, F)$ が最小木でないと仮定する。最小木のうちで，$T$ と共通の辺の数が最大のものを $T^* = (V, F^*)$ とする。すなわち最小木 $(V, F')$ のうちで $|F' \cap F|$ が最大となるものを $T^*$ とする。

$T$ は最小木でないので $F \neq F^*$ であり，また $|F| = |F^*|$ であることから $F - F^* \neq \emptyset$ である。そこで任意の $e \in F - F^*$ を一つ選ぶ。$e$ の両端点を $u, v$ とする。補題 6.1 より，$T^*$ に $e = (u, v)$ を加えると閉路 $C_{T^*}(u, v)$ ができる（例えば図 **6.4**（a）で実線（太線と細線）の辺からなる全域木を $T = (V, F)$, 太線（実線と点線）の辺からなる全域木（最小木）を $T^* = (V, F^*)$ とし，$(b, e) \in F - F^*$ を選ぶと閉路 $C_{T^*}(b, e)$ は図 (b) の太線のようになる）。

$C_{T^*}(u,v)$ は $(u, v)$ で $E_T(u, v)$ と交差することから，$(u, v)$ 以外に少なくとももう 1 本 $C_{T^*}(u, v)$ は $E_T(u, v)$ 内の辺をもつ。それを $e'$ とする（例えば図 (b) で $E_T(b, e)$ は網掛けされた二つの頂点集合間の辺集合であり，$e' = (h, i)$ となる）。

補題 6.1 より $T' = (V, F' = F^* \cup \{e\} - \{e'\})$ は全域木であり，その重みは

$$\mathrm{weight}(T') = \mathrm{weight}(T^*) + \mathrm{weight}(e) - \mathrm{weight}(e')$$

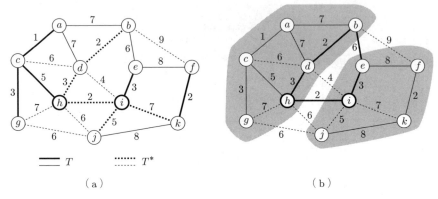

図 6.4　補題 6.2 の証明における $T$, $T^*$, $C_{T^*}(u,v)$, $e'$ などの例

である。$T^*$ が最小木であることから，weight($T'$) $\geq$ weight($T^*$)，すなわち weight($e$) $\geq$ weight($e'$) でなければならない。

もし weight($e$) $=$ weight($e'$) だとすると，weight($T'$) $=$ weight($T^*$) となり，$T'$ も最小木となるが，$|F' \cap F| = |F^* \cap F| + 1$ となり，「$T$ と共通の辺の数が最大のものを選ぶ」という $T^*$ の選び方に反する。したがって weight($e$) $>$ weight($e'$) でなければならない。ここで $e, e' \in E_T(u,v)$ より，$e$ が式 (6.1) を満たさない。よって十分性も証明できた。　□

---

◎ **定理 6.1**　　グラフ $G$ が連結であるならば，手続き KRUSKAL($G$) は $O(m \log n)$ 時間で $G$ の最小木を計算する。

[証明]　手続き KRUSKAL の出力 $T = (V, F)$ が極大森であることは明らか。したがって $G$ が連結であるならば $T$ は全域木である。よって後は $T$ が最小木となることを示す。

$T$ が最小木でないと仮定する。すると補題 6.2 より，$\exists e = (u,v) \in F$ と $\exists e' \in E_T(u,v)$ に対し，weight($e$) $>$ weight($e'$) となる。手続き KRUSKAL では重みの軽い順に処理しているので，$e$ よりも $e'$ のほうが先に処理され得ていなければならない。$T$ に $e' = (u', v')$ を加えてできる閉路 $C_T(u', v')$ を考えると，$e'$ を処理する段階で，$e$ はまだ $F$ に入っていないので，$u'$ と $v'$ を結ぶ $F$ の辺を使う路はまだ完成されておらず，すなわち，FIND($u'$) と FIND($v'$) は異なる値を返す。したがって $e'$ が $F$ に入ることになり，仮定に反し，矛盾。よって $T$ は最小木である。

6.2 最 短 路 問 題    *131*

計算時間については，辺集合を重みで整列するのに $O(m \log n)$ 時間要し，辺を加えた場合に閉路ができるか否かの判定が前述のようにアルゴリズムを通して $O(m\alpha(m,m))$ 時間でできるので，アルゴリズム全体で $O(m \log n)$ 時間である。                                                                    □

# 6.2　最 短 路 問 題

## 6.2.1　最短路問題とはなにか

有向グラフ $G = (V, E)$ の各辺 $e = (u, v)$ に実数の長さ $\mathrm{length}(e)$ が与えられているネットワーク $(G, \mathrm{length})$ を考える。有向路 $P$ の**長さ**（length）を $P$ に含まれる辺の長さの総和で定義し，$\mathrm{length}(P)$ で表す。すなわちつぎのように定義される。

$$\mathrm{length}(P) := \sum_{e \in E[P]} \mathrm{length}(e)$$

頂点対 $s, t \in V$ に対し，$s$–$t$ 路の中で長さが最小のものを ***s*–*t* 最短路**（*s*–*t* shortest path），$s, t$ が明らかなときにには単に**最短路**（shortest path）という。

**最短路問題**（shortest path problem）

**入力**　有向グラフ $G = (V, E)$，辺の長さ関数 $\mathrm{length} : E \rightarrow \boldsymbol{R}$，始終点 $s, t \in V$

**要請**　$s$–$t$ 最短路とその長さを求めよ。

例えば図 **6.5** に最短路問題の問題例とその解の例を示す。辺の脇の数字がその長さを表す。ここでは無向グラフで表記されているが，各無向辺は，同じ長さの両方向辺の対を表していると考えればよい。図（a）のネットワークが与えられたとき，$s$–$t$ 最短路は図（b）で太線で示した路で，その長さは 14 となる。

最短路問題は始終点の与え方で，つぎの 3 通りに分類される。

- **一対問題**：与えられた一対の $\langle s, t \rangle \in V \times V$ に対し，$s$–$t$ 最短路を求める。

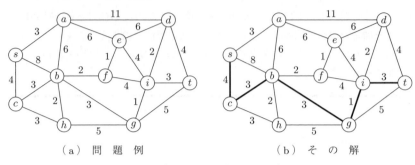

図 **6.5** 最短路問題の問題例とその解の例

- **一始点問題**：与えられた一つの始点 $s$ から各頂点 $v \in V$ に対し，$s$–$v$ 最短路を求める．
- **全対問題**：全頂点対 $\langle u, v \rangle \in V \times V$ に対し，$u$–$v$ 最短路を求める．

本書では一始点問題に対するダイクストラ法と全対問題に対するフロイド・ワーシャル法を紹介する．

なお，本節では有向グラフ，有向辺，有向路などのことをおのおの単にグラフ，辺，路などと表現する．また，$u, v \in V$ に対し，$\mathrm{length}(u, v)$ を以下のように定義する．

$$\mathrm{length}(u,v) := \begin{cases} \mathrm{length}(e), & \text{if } (u,v) = e \in E \\ 0, & \text{if } u = v \\ \infty, & \text{if } u \neq v \text{ and } (u,v) \notin E \end{cases} \quad (6.2)$$

### 6.2.2 最短路の存在条件

この **6.2 節**では，グラフは強連結であると仮定する．この仮定は強すぎると思われるかもしれないが，そうではない．なぜならば，任意のグラフ $G = (V, E)$ に特別な頂点 $x \notin V$ を付け加えて，$\forall v \in V$ に対し辺 $(v, x)$ と $(x, v)$ を加えて新たなグラフ $G' = (V \cup \{x\}, E \cup \{(v, x), (x, v) \mid v \in V\})$ をつくればこれは強連結であり，$\mathrm{length}(v, x)$ と $\mathrm{length}(x, v)$ を十分大きく（例えば $1 + \sum_{e \in E} \mathrm{length}(e)$ と）すれば，$x$ を加えたことによってできる路の長さは $G$ 上にもともとあった

路の長さより長いので，最短路問題の解に影響を与えずにグラフを強連結にできるからである．

強連結な有向グラフの任意の頂点対には必ず路が存在するが，それが即最短路の存在を意味するわけではない．例えば図 **6.6** のネットワークにおいて $s$–$t$ 路を考えると，途中の閉路 $\langle v_1, v_2, v_3, v_1 \rangle$ の長さが負（$-1$）であることから，そこを何周も回ることによって，いくらでも路の長さを短くすることができる．したがって，このグラフにおいては $s$–$t$ 最短路は存在しない．

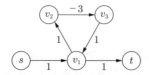

図 **6.6** 最短路が存在しない例

このように負の長さの閉路が存在すると，最短路が存在しなくなる．しかし逆にいえば，負の長さの閉路が存在しなければ（強連結ならば）すべての点対に最短路は存在するのである．

○ **補題 6.3** ネットワーク $(G, \text{length})$（ただし $G$ は強連結）が負の長さの閉路をもたないならば，任意の頂点順序対 $\langle u, v \rangle \in V \times V$ に対し単純な $u$–$v$ 最短路が存在する．さらにすべての閉路の長さが正ならば，任意の最短路は単純路である．

[証明] グラフが強連結であるので，任意の頂点順序対 $\langle u, v \rangle \subset V \times V$ に対し $u$–$v$ 路が存在する．ここで「ある頂点の順序対 $\langle u, v \rangle$ について，すべての $u$–$v$ 最短路が単純路でない」と仮定する．$u$–$v$ 最短路のうちで，含んでいる辺数 $|\{e \mid e \in E[P]\}|$ が最小のものを一つ選び $P$ とする．仮定より $P$ は単純でない．すなわち二度以上通過する頂点をもつので，そのうちの任意の一つを $w$ とすると，$P$ は $u$–$w$ 路 $P_1$，$w$–$w$ 閉路 $C$，$w$–$v$ 路 $P_2$ の三つに分解できる．$P$ より $C$ を削除したものもやはり $u$–$v$ 路であり，それを $P'$ とおくと

$$\text{length}(P) = \text{length}(P_1) + \text{length}(C) + \text{length}(P_2)$$

$$\text{length}(P') = \text{length}(P_1) + \text{length}(P_2)$$

である．ここで仮定より $\text{length}(C) \geqq 0$ であるので，$\text{length}(P) \geqq \text{length}(P')$ である．したがって，含んでいる辺数が $P$ より少ない $u$–$v$ 最短路が存在する

**134** 6. 古典的アルゴリズム

ことになる．これは $P$ の選定基準に反し，矛盾する．よって「任意の頂点の順序対 $\langle u, v \rangle$ に対し単純な $u$–$v$ 最短路が存在すること」（命題の前半）が示された．

命題の後半については，もし単純でない $u$–$v$ 最短路 $P$ が存在したら，上の証明と同様の議論を用いて，length$(C) > 0$ より，length$(P) >$ length$(P')$ となる $u$–$v$ 路が得られ，$P$ が $u$–$v$ 最短路であることに矛盾することから導かれる． □

◎ **定理 6.2** ネットワーク $(G, \mathrm{length})$（ただし $G$ は強連結）において，「任意の点の順序対 $\langle u, v \rangle$，$u, v \in V$ に対して $u$–$v$ 最短路が存在する」必要十分条件は，「負の長さの閉路が存在しない」ことである．

**証明** まず必要性を示す．長さが負の閉路 $C$ が存在すると仮定する．閉路上の任意の頂点を一つ選び $s \in V[C]$ とする．任意の点対 $u, v \in V$ に対し，$G$ は強連結であるので，$u$–$s$ 路 $P_1$ と $s$–$v$ 路 $P_2$ が存在する．すると $P_1$ のつぎに $C$ を $k$ 回（$k$ は任意の正整数）回って最後に $P_2$ を通るものは $u$–$v$ 路であり，その長さは length$(P_1) + k \cdot$ length$(C) +$ length$(P_2)$ である．length$(C)$ は負であるので，$k$ を大きくすることで，いくらでもこの長さを小さくすることができる．したがって，$u$–$v$ 最短路は存在しない．

つぎに十分性を示す．負の長さの閉路が存在しないと仮定する．強連結であるので，任意の点対 $u, v \in V$ に対して，$u$–$v$ 路が存在する．また，補題 6.3 より，最短路を考える際には単純な路のみ考えればよい．単純な路の総数は有限個であるので，任意の頂点の順序対 $\langle u, v \rangle$ に対して，$u$–$v$ 最短路が存在する． □

よって以下本節で扱うネットワークは，特に断らないかぎり，**負長の閉路は含まない**と仮定する．すなわち以下の議論では，任意の頂点順序対 $\langle u, v \rangle$ に対し $u$–$v$ 最短路はつねに存在している．

### 6.2.3 最 短 路 木

一始点問題を考える理由は，始点 $s$ から任意の頂点 $v \in V - \{s\}$ への最短路はつぎに示す形で効率的に表現できるからである．

● **定義 6.1**　ネットワーク $(G, \text{length})$ とその頂点 $s \in V$ に対し，$G$ の全域部分グラフ $T$ が，$s$ を根とする根付き出木で，任意の頂点 $v \in V$ に対する $T$ 上の（唯一の）$s$–$v$ 路が $(G, \text{length})$ における $s$–$v$ 最短路であるとき，$T$ を（$s$ を根とする）**最短路木**（shortest path tree）という。

例えば図 6.5 ( a ) のネットワークに対する $s$ を根とする最短路木は図 **6.7** の太線で示した辺よりなる木である。各頂点の脇に $[*]$ で示した数字はその頂点の $s$ からの距離を示している。

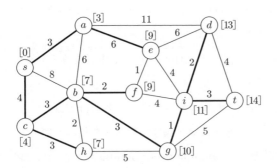

図 **6.7**　最　短　路　木

最短路木は木であるのでデータ量は $O(n)$ でありながら $n$ 個の最短路の情報を表している。

◎ **定理 6.3**　（強連結かつ負長閉路を含まない）ネットワーク $(G, \text{length})$ は任意の頂点 $s \in V$ に対し，$s$ を根とする最短路木をもつ。

本定理の証明のために，つぎの補題を証明しておく。

○ **補題 6.4**　$s$–$t$ 最短路を $P$，$P$ 上の任意の二頂点を $u, v$（ただし，$u, v$ はこの順で $P$ 上に現れる）とする。このとき $P$ の $u$–$v$ 間の部分路 $P_{uv}$ は $u$–$v$ 最短路である。

[証明]　$P_{uv}$ が $u$–$v$ 最短路でないと仮定する。$u$–$v$ 最短路が存在するので，

その一つを $P'_{uv}$ とすると，$\text{length}(P'_{uv}) < \text{length}(P_{uv})$ である。$P$ 上の $s$–$u$ 路と $v$–$t$ 路をおのおの $P_{su}$，$P_{vt}$ とする。すると $P' = P_{su} \cup P'_{uv} \cup P_{vt}$ は $s$–$t$ 路であり，その長さは

$$\begin{aligned}
\text{length}(P') &= \text{length}(P_{su}) + \text{length}(P'_{uv}) + \text{length}(P_{vt}) \\
&< \text{length}(P_{su}) + \text{length}(P_{uv}) + \text{length}(P_{vt}) \\
&= \text{length}(P)
\end{aligned}$$

となり，$P$ が最短路であることに反する。 □

補題 6.4 は，言い換えれば「最短路はその部分路も最短路である」ということを意味している。これは「最適性の原理」と呼ばれ，最適化問題を扱う際に重要な概念である。

**最適性の原理**（the principle of optimality）：全体が最適であるならば，部分も最適である。

最適性の原理はすべての最適化問題に対して成立するわけではないが，最短路問題のようにこれが成立する場合には「部分の最適解を積み上げて全体の最適解を得る」という動的計画法（dynamic programming）が適用できるため，高速算法が構築できる。

定理 6.3 の証明は，最短路木を構築することで与える。$T$ を $s$ を根とする出木とするとき，$T$ 上の頂点 $v \in V[T]$ に対し，$T$ 上の唯一の $s$–$v$ 路を $P_T(v)$ と書くことにする。

---

● **定義 6.2**　$T$ を $s$ を根とする出木とする（必ずしも全域木でなくともよい）。$T$ 上の任意の頂点 $v \in V[T]$ に対し $P_T(v)$ が $s$–$v$ 最短路であるとき，$T$ を**最短路部分木**と呼ぶ。 □

---

最短路部分木 $T$ が $V[T] = V$ を満たすならばそれは最短路木である。

[証明]　**定理 6.3 の証明**　初めに $T$ を，$s$ 一頂点のみからなる自明な根付き出木 $T = (\{s\}, \emptyset)$ とする。この $T$ は最短路部分木である。これを最短路部分木の性質を満

たしながら，$T$ をつぎに示す手順 A を用いて順々に大きくしていき，最終的にすべての頂点を含むようにする．

**手順 A**： $T$ にまだ含まれていない頂点 $v \in V - V[T]$ を一つ選ぶ．$s$–$v$ 最短路の一つを $P$ とし，$P$ を $v$ から遡っていき，最初に現れる $T$ 上の頂点を $w$ とする．$P$ 上の $w$–$v$ 部分路 $P_T(w,v)$ を使って，$T := T \cup P_T(w,v)$ とする．

以下では，「$T$ が最短路部分木ならば手順 A を適用した後でも $T$ は最短路部分木である」ことを示す．

$T$ に新たに加わった任意の頂点 $u \in V[P_T(w,v)] - \{w\}$ を考える．$P$ 上の $s$–$w$ 部分路，$w$–$u$ 部分路，$s$–$u$ 部分路をおのおの $P_{s,w}$，$P_{w,u}$，$P_{s,u}$ とする（図 **6.8** 参照）．補題 6.4 より，$P_{s,w}$，$P_{w,u}$，$P_{s,u}$ はおのおの $s$–$w$ 最短路，$w$–$u$ 最短路，$s$–$u$ 最短路である．また，仮定より $P_T(w)$ は $s$–$w$ 最短路である．よって $\mathrm{length}(P_{s,w}) = \mathrm{length}(P_T(w))$．よって更新後の $T$ 上の $s$–$u$ 路 $P_T(u)$ の長さは

$$\mathrm{length}(P_T(u)) = \mathrm{length}(P_T(w)) + \mathrm{length}(P_{w,u})$$
$$= \mathrm{length}(P_{s,w}) + \mathrm{length}(P_{w,u})$$
$$= \mathrm{length}(P_{s,u})$$

となり，$P_{s,u}$ が $s$–$u$ 最短路であることから，$P_T(u)$ も $s$–$u$ 最短路である．したがって，この手続きで $T$ に新たに加わった任意の頂点 $u$ に対し，$P_T(u)$ も $s$–$u$ 最短路であることが証明でき，更新後の $T$ も最短路部分木である．

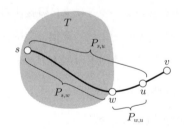

図 **6.8** 最短路木定理 6.3 の証明の説明図

以上から，手順 A を $T$ が $G$ のすべての頂点を含むまで繰り返すことで，最短路木を得る． □

### 6.2.4 ダイクストラ法

**（1） ダイクストラ法の概要**　すべての辺長が非負の場合にはダイクスト

**138**　　　6.　古典的アルゴリズム

ラ法（Dijkstra's algorithm）が効果的である。ダイクストラ法は一始点問題を $O(m \log n)$ 時間，データ構造を工夫することで $O(m+n \log n)$ 時間で解く。定理 6.3 の証明において，最短路木を，$s$ 一頂点のみからなる自明な根付き出木から始めて順々に大きくしていくことで構築したが，ダイクストラ法はこの発想に基づき，さらに辺長が非負ということを利用して，つぎに付け加えるべき頂点を簡単に見いだすことに成功している。

任意の $v \in V$ に対し，$s$–$v$ 最短路長を $\mathrm{dist}(v)$ と表す。さらに，最短路部分木 $T$ と $T$ に含まれない頂点 $v \in V - T[V]$ に対し，仮の $s$–$v$ 距離 $\mathrm{dist}_{\mathrm{temp}}(v)$ をつぎのように定義する。

$$\mathrm{dist}_{\mathrm{temp}}(v) := \min_{u \in T[V]} \{\mathrm{length}(P_T(u)) + \mathrm{length}(u, v)\}$$

これは，$s$–$v$ 路の中で，$v$ 以外の頂点はすべて $T$ 上の頂点のみからなるものに限定した中での，最短の路の長さを表している。

まず例を用いてダイクストラ法の動きを見ていこう。図 6.5（a）のネットワークの $s$ を根とする最短路木 $T$ をつくる場合，まず最初は根 $s$ のみから成る自明な根付き木 $(\{s\}, \emptyset)$ を $T$ とする。このとき，$s$–$s$ 最短路の距離が $0$ であることが（自明に）わかっている。つぎに $s$ に隣接する頂点 $a, b, c$ に対し，$s$ からの辺（それぞれ $(s, a)$，$(s, b)$，$(s, c)$）を使った場合の距離を求め，それを $\mathrm{dist}_{\mathrm{temp}}(*)$ の値とする。すなわち以下のようにする。

$$\mathrm{dist}_{\mathrm{temp}}(a) := \mathrm{length}(s, a) = 3,$$

$$\mathrm{dist}_{\mathrm{temp}}(b) := \mathrm{length}(s, b) = 8,$$

$$\mathrm{dist}_{\mathrm{temp}}(c) := \mathrm{length}(s, c) = 4$$

このときの様子を表したものが**図 6.9**（a）である。各頂点の脇の [*] で括られている数字がその頂点の $\mathrm{dist}_{\mathrm{temp}}(*)$ の値であり，太丸の頂点（図（a）では $s$ のみ）がこの時点で最短路が求められている頂点で，その頂点に関しては $\mathrm{dist}_{\mathrm{temp}}(*)$ は $\mathrm{dist}(*)$ と等しい（この場合，数字が太字になっている）。破線が $\mathrm{dist}_{\mathrm{temp}}(*)$ の計算に使用した辺を示している。

## 6.2 最短路問題

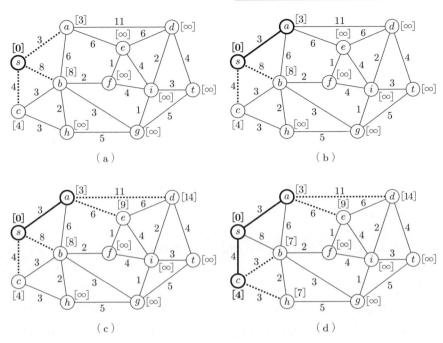

図 **6.9** ダイクストラ法の進行の例

さてここで，$\mathrm{dist}_{\mathrm{temp}}(a) = 3$，$\mathrm{dist}_{\mathrm{temp}}(b) = 8$，$\mathrm{dist}_{\mathrm{temp}}(c) = 4$ の三つの仮の最短路長のうち，実は少なくとも一つは仮ではなく，真の最短路長になっているものがあるのだが，それはなにかわかるだろうか？（ピンとこない読者はここでしばらく考えてみて欲しい）．

答えは三つの値のうち最小の 3 をもつ $a$ である．その理由は，もし現在の仮の距離 3 よりも短い $s$–$a$ 路があったとすると，その路の最初の辺は $(s, a)$ か $(s, b)$ か $(s, c)$ のどれかである．しかしそれらのうちのどれであったとしても，最初の辺の長さだけですでに 3 以上あるので，その経路長が 3 より小さくなることはあり得ない※．したがって矛盾であり，$a$ への仮の距離が最短であることになる．なお，上記の議論では，「すべての辺長が非負である」ことを利用している．もし負の長さの辺が存在する場合は，※の議論が成立しない．

この結果，$s$–$a$ 最短路は $\langle s, a \rangle$ であること，およびその距離が 3 であること

**140**　　6. 古典的アルゴリズム

が確定した。このことを図 6.9 ( b ) に示す。さて，$\mathrm{dist}(a)$ が確定したので，つぎに，$a$ に隣接している頂点のうちでまだ最短路長が確定していないものに対し，$a$ との間の辺を使った仮の最短路長を更新する。この場合，該当するものは $b, d, e$ の三頂点である。

まず頂点 $d$ については $s$–$a$ 最短路長が 3 であるので，それに辺 $(a, d)$ の長さの 11 を足して

$$\mathrm{dist}_{\mathrm{temp}}(d) := \mathrm{dist}(a) + \mathrm{length}(a, d) = 3 + 11 = 14$$

となる。頂点 $e$ についても同様で

$$\mathrm{dist}_{\mathrm{temp}}(e) := \mathrm{dist}(a) + \mathrm{length}(a, e) = 3 + 6 = 9$$

とする。$b$ についてはすでに $\mathrm{dist}_{\mathrm{temp}}(b)$ の値が 8 となっているので，$a$ を経由する路の長さがそれより短いかどうかが問題となる。$\mathrm{dist}(a) + \mathrm{length}(a, b) = 3 + 6 = 9$ となり，現在の現時点の $\mathrm{dist}_{\mathrm{temp}}(b) = 8$ より長いので，この場合は，この値は更新されず，元のまま保たれる。つまり，$b, d, e$ に対する正しい計算は以下の式で実現される。

$$\mathrm{dist}_{\mathrm{temp}}(b) := \min\{\mathrm{dist}_{\mathrm{temp}}(b), \mathrm{dist}(a) + \mathrm{length}(a, b)\}$$
$$= \min\{8, 3 + 6\} = 8,$$
$$\mathrm{dist}_{\mathrm{temp}}(d) := \min\{\mathrm{dist}_{\mathrm{temp}}(d), \mathrm{dist}(a) + \mathrm{length}(a, d)\}$$
$$= \min\{\infty, 3 + 11\} = 14,$$
$$\mathrm{dist}_{\mathrm{temp}}(e) := \min\{\mathrm{dist}_{\mathrm{temp}}(e), \mathrm{dist}(a) + \mathrm{length}(a, e)\}$$
$$= \min\{\infty, 3 + 6\} = 9$$

この時点の状況を図示したものが，図 6.9 ( c ) である。

さて，この段階でまだ最短路が求められていない頂点（すなわち $s$ と $a$ 以外の頂点）のうちで，少なくとも一つは，この時点での $\mathrm{dist}_{\mathrm{temp}}(*)$ の値が最短路長に等しいものが存在する。それは先に $a$ がそうであったことを見つけたのと

同じ論理で求められる。すなわち，現時点で求められている $\mathrm{dist}_{\mathrm{temp}}(*)$ の値のうちで，最小値をもつものがそうである。この場合は，$\mathrm{dist}_{\mathrm{temp}}(c) = 4$ が最小であるので，$c$ がその頂点であることになる。その理由は $a$ を確定したときと同様である（正確な説明は補題 6.5 で行う）。

こうして $\mathrm{dist}(c) = 4$ が確定したので，つぎに $c$ に隣接している頂点のうちでまだ最短路長が確定していないものに対し，$c$ との間の辺を使った仮の最短路長を更新する。それは $b$ と $h$ であり，その操作は以下のようになる。

$$\mathrm{dist}_{\mathrm{temp}}(b) := \min\{\mathrm{dist}_{\mathrm{temp}}(b), \mathrm{dist}(c) + \mathrm{length}(c,b)\}$$
$$= \min\{8, 4+3\} = 7,$$
$$\mathrm{dist}_{\mathrm{temp}}(h) := \min\{\mathrm{dist}_{\mathrm{temp}}(h), \mathrm{dist}(c) + \mathrm{length}(c,h)\}$$
$$= \min\{\infty, 4+3\} = 7$$

この時点の結果を図 6.9 ( d ) に示す。上で注意すべきことは，$\mathrm{dist}_{\mathrm{temp}}(b)$ が今回は更新されていることである。つまり，いままで仮に定められていた路の長さ 8 よりも頂点 $c$ と辺 $(c,b)$ を経由する路長さ $4+3=7$ のほうが短いので，後者に変更されている。

以上の操作を繰り返していくことで，最短路木を得る方法がダイクストラ法である。次節でこれを正確に説明し，正しさを証明する。

（ 2 ）　ダイクストラ法の詳細　　つぎの補題が成立する。

○補題 6.5　　ネットワーク $(G, \mathrm{length})$ が非負長の辺を含まないとする。$T$ を $s$ を根とする任意の最短路部分木とする。このとき，$T$ に含まれない頂点の中で $\mathrm{dist}_{\mathrm{temp}}(v)$ の値が最小のものについては $\mathrm{dist}(v) = \mathrm{dist}_{\mathrm{temp}}(v)$ が成立する。

〔証明〕　　題意が成立しないと仮定する。すなわち，$\mathrm{dist}_{\mathrm{temp}}(v) = \min\limits_{u \in V-V[T]} \mathrm{dist}_{\mathrm{temp}}(u)$ であり，かつ $\mathrm{dist}(v) \neq \mathrm{dist}_{\mathrm{temp}}(v)$ である $v \in V - V[T]$ が存在すると仮定する。グラフが強連結であるので，$E(V[T]) \neq \emptyset$ であることから

$$\mathrm{dist}_{\mathrm{temp}}(v) = \min_{u \in V-V[T]} \mathrm{dist}_{\mathrm{temp}}(u)$$

$$\leq \max_{u \in V[T]} \mathrm{dist}(u) + \max_{e \in E} \mathrm{length}(e) < \infty$$

が成立する．したがって $\mathrm{dist}_{\mathrm{temp}}(v)$ に対応する $s$–$v$ 路が存在し，それはある $u \in V[T]$ が存在し，$P_T(u)$ に辺 $(u,v)$ を加えたものになる．その路を $P_T(u,v)$ と表す．仮定から $P_T(u,v)$ は最短路ではないので，$s$–$v$ 最短路の一つを $P$ とする．

$P$ を $v$ から逆にたどって最初に出てくる $T$ 上の頂点を $w$ とする（$w = u$ であるかもしれない）．$P$ の $s$–$w$ 部分路と $w$–$v$ 部分路をおのおの $P_{s,w}$, $P_{w,v}$ とする（図 6.10 参照）．補題 6.4 より，$P_{s,w}$ と $P_{w,v}$ はおのおの最短路である．$T$ は最短路部分木なので $P_T(w)$ は最短路であり，$\mathrm{length}(P_T(w)) = \mathrm{length}(P_{s,w})$ である．

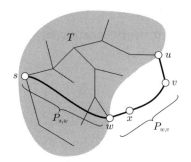

図 6.10　補題 6.5 の証明の説明図

$P_{w,v}$ の最初の辺を $(w,x)$ とする（$x = v$ であるかもしれない）．ここで，辺長が非負であることから

$$\mathrm{length}(w,x) \leq \mathrm{length}(P_{w,v}) \tag{6.3}$$

が成立する．よって $v$ の選択法と $\mathrm{dist}_{\mathrm{temp}}$ の計算法から

$$\begin{aligned}
\mathrm{length}(P_T(u,v)) = \mathrm{dist}_{\mathrm{temp}}(v) &\leq \mathrm{dist}_{\mathrm{temp}}(x) \\
&\leq \mathrm{length}(P_T(w)) + \mathrm{length}(w,x) \\
&= \mathrm{length}(P_{s,w}) + \mathrm{length}(w,x) \\
&\leq \mathrm{length}(P_{s,w}) + \mathrm{length}(P_{w,v}) \quad (\because \text{式 (6.3)}) \\
&= \mathrm{length}(P)
\end{aligned}$$

となるが，これは $P_T(u,v)$ が $s$–$v$ 最短路でなく，$P$ が $s$–$v$ 最短路であることに矛盾する． □

補題 6.5 は，最短路木 $T$ の具体的更新法を与えている．ダイクストラ法はこ

の方針に従って最短路木を構築するアルゴリズムである。すなわち，初期値として $T$ を始点 $s$ のみからなる自明な根付き出木とし，補題 6.5 で最小値を与える $v \in V - V[T]$ を加えていくことによって $T$ を大きくしていき，最終的に $V[T] = V$ とでき，最短路木を得るのである。

そのアルゴリズムを記述すると以下のとおりである。なお，$p : V \to V \cup \{0\}$ は $T$ における $v \in V$ の親頂点を示すポインタで，$\text{dist}_{\text{temp}} : V \to \boldsymbol{R}_0^+$ は $\text{dist}_{\text{temp}}$ の値を表し，$U$ はまだ $s\text{--}v$ 最短路が見つかっていない頂点 $v$ の集合を表す。

**procedure** DIJKSTRA$(G, \text{length}, s)$

**begin**

1      $p(s) := 0;\ \text{dist}(s) := 0;\ U := V - \{s\}$

2      **for** $v \in V$ **do** $\text{dist}_{\text{temp}}(v) := \text{length}(s, v)$ **enddo**

3      **while** $U \neq \emptyset$ **do**

4          $U$ より $\text{dist}_{\text{temp}}(v)$ が最小の頂点 $v$ を選び $w$ とおく。

5          $\text{dist}(w) := \text{dist}_{\text{temp}}(w);\ \ U := U - \{w\}$

6          **for** $v \in N(w) \cap U$ **do**

7              **if** $\text{dist}(w) + \text{length}(w, v) < \text{dist}_{\text{temp}}(v)$ **then**

8                  $\text{dist}_{\text{temp}}(v) := \text{dist}(w) + \text{length}(w, v);\ \ p(v) := w$

9              **endif**

10         **enddo**

11         **enddo**

**end.**

アルゴリズムが最短路木を正しく計算することは定理 6.3 と補題 6.5 によって保証される。

以下で計算時間を見積もる。$\text{dist}_{\text{temp}}$ の値をヒープで保持する。するとアルゴリズム 4 行目で $\text{dist}_{\text{temp}}$ の値が最小の頂点を見つけるのはヒープの根を見るだけであり，さらに 5 行目でその頂点をヒープから取り除くのは DELETEMIN

**144    6. 古典的アルゴリズム**

によって1回当り $O(\log n)$ 時間でできる。8行目で $\text{dist}_{\text{temp}}$ の値が変化する操作は，ヒープからいったんその頂点を削除してから新しいキーをもった頂点を改めて挿入すればよいので，やはり1回当り $O(\log n)$ 時間でできる。この操作はアルゴリズムを通じて最大で $m$ 回行われるので，これらの操作全体で $O(m \log n)$ 時間でできる。その他の計算はすべてこれらで抑えられるので，全体の計算時間は $O(m \log n)$ 時間になる。

しかしここで，データの管理を単なるヒープではなく，さらに改良した構造を用いることで，さらに高速にすることができる。フレッドマン（Fredman）とタルジャン（Tarjan）によって開発されたフィボナッチヒープ（Fibonacci heap）[†] を使用することにより，ダイクストラ法は $O(m + n \log n)$ 時間で実行できる。以上をまとめると以下の定理を得る。

---

◎ **定理 6.4**　　手続き $\text{DIJKSTRA}(G, \text{length}, s)$ はグラフ $G$ の $s$ を根とする最短路木を，データ構造にヒープを使えば $O(m \log n)$ 時間，フィボナッチヒープを用いれば $O(m + n \log n)$ 時間で計算する。

　[証明]　　$O(m \log n)$ 時間についてはこれまでの議論から明らか。フィボナッチヒープに関しては証明は省略する（文献 43) 参照）。　　　　　　　□

---

### 6.2.5　フロイド・ワーシャル法

（1）**フロイド・ワーシャル法の概要**　　ここでは，負の長さの辺を許したネットワークに対する全対問題を $O(n^3)$ 時間で解く**フロイド・ワーシャル法**（Floyd–Warshall method）を紹介する。全対問題であるので，各頂点 $v \in V$ を根とした最短路木 $n$ 本を同時に構築していく形となる。ダイクストラ法を始点を変更して $n$ 回繰り返す方法の計算時間は $O(nm + n^2 \log n)$ 時間であるので，密な（すなわち $m = \Omega(n^2)$ である）グラフの場合は同じ計算量になる。疎なグラフに関してはダイクストラ法のほうが速いが，フロイド・ワーシャル法

---

　[†] フィボナッチヒープについては文献 43) に詳しい解説がある。

には「負の長さの辺がある場合にも適用できる」という長所がある。さらにアルゴリズムを適用する前提として負長閉路が存在してもよい。そして負長閉路が存在する場合には，途中でそれを見つけることができる（その結果，その問題には最短路がないことがわかる）。

アルゴリズムを説明するためにいくつか用語と記号を定義しておく。グラフの頂点集合は $V = \{1, \ldots, n\}$ のように $1$ から $n$ まで番号付けされているとする。そして，$1 \leqq k \leqq n$ に対して，$V_k$ を $1$ から $k$ までの頂点からなる頂点部分集合とする，すなわち

$$V_k := \{1, \ldots, k\}$$

である。なお，$k = 0$ のときは $V_k = \emptyset$ とする。

頂点対 $i, j \in V$ に対し，$\mathrm{dist}_k(i, j)$ を「両端点以外の頂点がすべて $V_k$ に属する $i$–$j$ 路の中で最短の路の長さ」とし，その路の一つを $P_k(i, j)$ と表すことにする。固定した一つの $i$ とすべての頂点 $j \in V$ への $P_k(i, j)$ の集合は，$i$ を根とする最短路木で表現できる（証明は省略する）。その最短路木に関する各 $j$ の親ポインタを $p_k(i, j)$ とする。

$(i, j)$ 成分が $\mathrm{dist}_k(i, j)$ であるような $n \times n$ 行列を $\mathrm{dist}_k$ とし，$(i, j)$ 成分が $p_k(i, j)$ であるような $n \times n$ 行列を $p_k$ とする。

定義から $\mathrm{dist}_n(i, j)$ は $i$–$j$ 最短路長そのものであるので，$\mathrm{dist}(i, j) = \mathrm{dist}_n(i, j)$ である。また，$\mathrm{dist}_0(i, j)$ は $\mathrm{length}(i, j)$ に等しいので[†]，その計算は容易である。

フロイド・ワーシャル法の考え方は以下のとおりである。

まず行列 $\mathrm{dist}_0$ を計算し，そして $\mathrm{dist}_{k-1}$ から $\mathrm{dist}_k$ を計算することを繰り返して，最終的に $\mathrm{dist}_n$ を得る。なお，$\mathrm{dist}_i$ と同時に $p_i$ も得られる。

（**2**）　**フロイド・ワーシャル法の詳細**　　それでは以下で $\mathrm{dist}_{k-1}$ から $\mathrm{dist}_k$ を得る方法を示す。

$P_k$ が頂点 $k$ を含むか否かで場合分けする。

---

† $\mathrm{length}(i, j)$ の定義は式 (6.2) 参照。

- $P_k(i,j)$ が頂点 $k$ を含まない場合: $P_k(i,j)$ は $P_{k-1}(i,j)$ と等しいので，$\mathrm{dist}_k(i,j) := \mathrm{dist}_{k-1}(i,j)$, $p_k(i,j) := p_{k-1}(i,j)$ となる．
- $P_k(i,j)$ が頂点 $k$ を含む場合: $P_k(i,j)$ は頂点 $k$ を境にして前半が $P_{k-1}(i,k)$, 後半が $P_{k-1}(k,j)$ となる．よって，$\mathrm{dist}_k(i,j) := \mathrm{dist}_{k-1}(i,k) + \mathrm{dist}_{k-1}(k,j)$, $p_k(i,j) := p_{k-1}(k,j)$ となる（図 **6.11** 参照）．

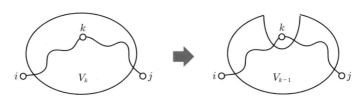

図 **6.11** $P_k(i,j)$ が頂点 $k$ を含む場合

問題は，上のどちらの場合が正しいのかの判定をしなければならないことだが，それはおのおので得られる路長を比較して短いほう（同じ場合はどちらでもよい）を採用すればよい．すなわち以下の計算を行う．

$$\mathrm{dist}_k(i,j) := \min\left\{\mathrm{dist}_{k-1}(i,j), \mathrm{dist}_{k-1}(i,k) + \mathrm{dist}_{k-1}(k,j)\right\} \quad (6.4)$$

この操作をすべての $i,j$ 対に対して行うことで，行列 $\mathrm{dist}_k$ を得ることができる．この操作を $k=1$ より始めて順々に $k$ を大きくしていき，$k=n$ となるまで実行すれば，$\mathrm{dist}_n$，すなわち全対の最短路を表す行列 $\mathrm{dist}$ を得る．

先に「負長閉路が存在する場合には，途中でそれを見つけることができる」と記したが，これについて説明しておく．もし負長閉路が存在する場合には途中で $\mathrm{dist}_k(i,i) < 0$ となる $i \in V$ が見つかるので，それで判断を終了すればよい．

以上をまとめるとアルゴリズムは以下のとおりとなる．

**procedure** Floyd-Warshall$(G, \mathrm{length})$
**begin**
1　　**for** $i,j \in V$ **do**
2　　　　$\mathrm{dist}_0(i,j) := \mathrm{length}(i,j)$

```
3       if (i,j) ∈ E then p_0(i,j) := i; else p_0(i,j) := ∞; endif
4     enddo
5     from k = 1 to k = n do
6       from i = 1 to i = n do
7         from j = 1 to j = n do
8           if dist_{k-1}(i,j) ≤ dist_{k-1}(i,k) + dist_{k-1}(k,j) then
9             dist_k(i,j) := dist_{k-1}(i,j); p_k(i,j) := p_{k-1}(i,j)
10          else
11            dist_k(i,j):=dist_{k-1}(i,k)+dist_{k-1}(k,j); p_k(i,j):=p_{k-1}(k,j)
12          endif
13        enddo
14        if dist_k(i,i) < 0 then output "負長閉路が存在する。" stop;
15      enddo
16    enddo
end.
```

図 6.12 のネットワーク（両方向に同じ長さの辺がある場合には，簡単のため無向辺で表記してある）に対してフロイド・ワーシャル法を適用したときの $\mathrm{dist}_k(i,j)$ と $p_k(i,j)$ の計算結果を図 6.13 に示す．図中で，そのとき更新された情報には丸が付してある．

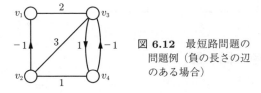

図 6.12 最短路問題の問題例（負の長さの辺のある場合）

◎ 定理 6.5  手続き FLOYD-WARSHALL は $O(n^3)$ 時間で全対間に対する最短路長の行列 $\mathrm{dist}_n$ を得る．

**証明** 正当性はこれまでの議論で明らか。計算時間は $k, i, j \in V$ に関する三重の繰り返しを行うので $O(n^3)$ 時間で，他の計算はそれで抑えられる。□

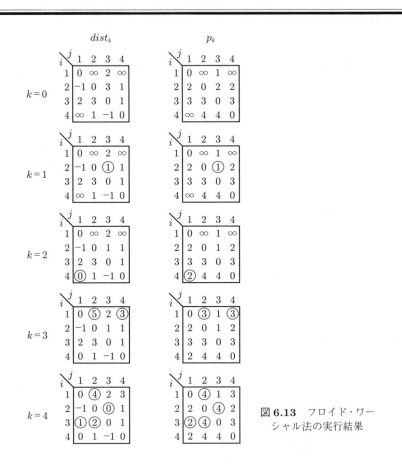

図 **6.13** フロイド・ワーシャル法の実行結果

## 6.3 彩色問題

地図を彩色する際，隣り合った国はたがいに違う色で塗りたい。しかし使用する色はなるべく少なくしたい。何色必要だろうか？ 例えば図 **6.14**（a）の地図は2色で塗り分けることができる。しかし図（b）の地図は3色，図（c）は4色必要である。では5色必要な地図はあるだろうか？

6.3 彩色問題

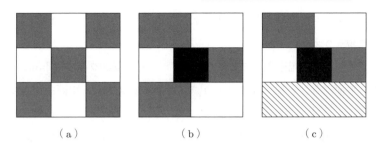

図 **6.14** 彩色問題の例

実はどんな地図でも 4 色あれば塗り分けられることがわかっている。これを四色定理という（Web に掲載の付録 PDF の定理 A.3 参照）。この四色定理は予想として皆に知られるようになってから解決まで 100 年を要し，その間，多くの数学者を魅了した問題であった。ここではその四色定理の解説と，地図の塗り分けを一般化した彩色問題のアルゴリズムについて解説する。

### 6.3.1　平面グラフとその性質

四色定理を説明するには平面グラフの概念が必須である。グラフ $G = (V, E)$ を，辺が交差しないように[†] 平面上に埋め込んだ図を**平面グラフ**（plane graph）と呼ぶ。例えば**図 6.15** は平面グラフの例である。

すなわち，平面グラフとは「グラフとその平面上への描画法（写像）の組合

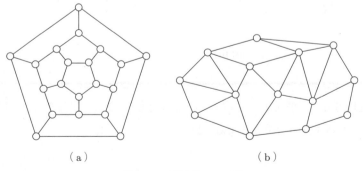

図 **6.15**　平面グラフの例

---
† 辺が頂点の上を通過するのも禁止。

せ」であるが，本書ではそれを厳密に記述することはせず，「平面グラフ $G$」のような表現をする。

平面グラフとして記述することができるグラフを**平面的グラフ**（planar graph）と呼んで平面グラフと区別することがある。言い換えれば，平面的グラフとは，それと同型な[†1]平面グラフが存在するようなグラフのことである。ただし本書では両者を区別せず，どちらも単に「平面グラフ」と呼ぶことにする[†2]。

**オイラーの多面体公式**　　平面グラフはその辺によって平面をいくつかの連結した部分に分割する。それらを面と呼ぶ。すなわち，平面グラフの**面**（face）とは，それを描画した平面における極大な連結領域である。グラフの外部の領域も一つの面と解釈する。例えば図 6.15 の平面グラフは**図 6.16** で示したように，図（ a ）は 12 個，図（ b ）は 14 個の面をもつ。

平面グラフ $G = (V, E)$ の頂点数と辺数，面数の間には以下の定理に示す関係がある。

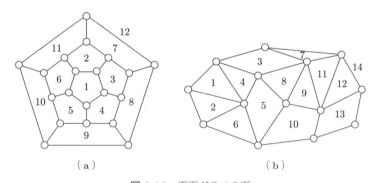

図 **6.16**　平面グラフの面

◎ **定理 6.6**　　平面グラフ $G = (V, E)$ の頂点数を $n$，辺数を $m$，面数を $h$，連結成分の数を $c$ とする。以下の式が成立する。

---

[†1]　グラフの同型性については 160 ページ参照。
[†2]　グラフの描画法などを論ずる際には，両者を区別する必要があるが，本書ではそれは扱わない。

$$n + h = m + c + 1 \tag{6.5}$$

式 (6.5) はオイラー（Euler）が多面体について成立する式として提案した経緯から，この式のことを**オイラーの多面体公式**と呼ぶ[†]。

1 頂点のみからなる自明なグラフを $G_0 = (\{v\}, \emptyset)$ とする。

o **補題 6.6**　　任意の連結な平面グラフは $G_0$ に以下の二つの操作（図 **6.17** 参照）を合計 $m$ 回適用して得られる。

- **操作 1**：一つの面とその面を囲む頂点のうちから二つの頂点 $v, v'$ を選び，辺 $(v, v')$ を加える。
- **操作 2**：一つの面を選び，その面を囲む頂点のうちから一つ選び（$v$ とする），その面の中に新しい頂点 $v'$ を加えて，さらに辺 $(v, v')$ を加える。

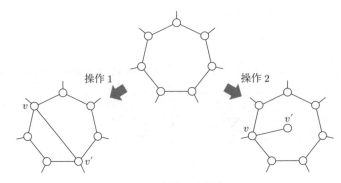

図 **6.17**　操作 1 と操作 2

[証明]　　辺の数 $m$ による帰納法で証明する。$m = 0$ の場合は連結であることからグラフは $G_0$ そのものである。

辺の数が $m - 1$ 以下の任意のグラフで補題 6.6 が成立すると仮定する。辺数 $m$ の任意の連結グラフを $G$ とする。

まず $G$ が閉路を含む（すなわち $G$ は木でない）と仮定する。$G$ の任意の閉路 $C$ 上の任意の辺 $(v, v')$ を $G$ より削除してできたグラフを $G'$ とすると，$G'$ は

---
[†] なお，多面体は，その一つの面を広げて平面上につぶすことで，平面グラフとして表現できる。

152     6. 古典的アルゴリズム

連結であり，辺数は $m-1$ なので補題 6.6 が成立する。さらに $G'$ に辺 $(v,v')$ を加える操作は操作 1 であるので，$G$ に関しても成立する。

つぎに $G$ が閉路を含まない場合を考える。すなわち $G$ は木であるので，葉の一つを $v'$，$v'$ に隣接する（唯一の）頂点を $v$ とする。$G$ から辺 $(v,v')$ を削除してつくったグラフを $G'$ とすると，$G'$ は連結であり，辺数は $m-1$ なので補題 6.6 が成立する。さらに $G'$ に辺 $(v,v')$ を加える操作は操作 2 であるので，$G$ に関しても成立する。

以上から任意の連結グラフについて証明できた。                                    □

(証明)  **定理 6.6 の証明**     まず $G$ が連結の場合に成立することを証明する。1 頂点のみからなる自明なグラフ $G_0 = (\{v\}, \emptyset)$ は $n=1$，$m=0$，$h=1$，$c=1$ なので式 (6.5) を満たす。連結グラフ $G$ には補題 6.6 が成立するが，操作 1, 2 とも，適用前のグラフが式 (6.5) を満たすならば，適用後のグラフも式 (6.5) を満たす。したがって帰納法によって任意の連結グラフ $G$ が式 (6.5) を満たす。

つぎに連結成分の数 $c$ が 2 以上の場合を考える。各連結成分を $G_1, \ldots, G_c$ とし，$G_i$ の頂点数，辺数，面数をおのおの $n_i$，$m_i$，$h_i$ とすると，各 $G_i$ を独立に描画した場合は式 (6.5) が成立する。すなわち任意の $i=1,\ldots,c$ に対し

$$n_i + h_i = m_i + 2$$

が成立する。これらを同時に描画する場合，外側の面を共有するので，独立に描画した場合に比べて面の数が $c-1$ 個少なくなる。すなわち

$$n = \sum_1^c n_i, \qquad m = \sum_1^c m_i, \qquad h = \sum_1^c h_i - c + 1$$

である。よって

$$n + h = \sum_1^c (n_i + h_i) - c + 1 = \sum_1^c (m_i + 2) - c + 1 = m + c + 1$$

となり式 (6.5) を満たす。                                    □

オイラーの多面体公式を用いると，平面グラフは疎であることが証明できる。

◎ **定理 6.7**     任意の連結平面グラフ $G = (V, E)$（ただし頂点数を $n$，辺数を $m$ とする）に対し以下が成立する。

## 6.3 彩 色 問 題　　153

(1)　$G$ が閉路をもち，任意の閉路の長さが $\ell \geqq 3$ 以上であるならば $m \leqq \ell(n-2)/(\ell-2)$ が成り立つ。

(2)　グラフが単純で $n \geqq 3$ ならば $m \leqq 3n-6$ が成り立つ。

(3)　グラフが単純ならば次数 5 以下の頂点が存在する。

[証明]　　まず (1) を証明する。条件から，各面は少なくとも $\ell$ 本の辺で囲まれており，各辺の両側に面がある。よって各面とそれを囲む辺とを対応させると，各面は少なくとも $\ell$ 本の辺と対応し，各辺はたかだか 2 個の面と対応する。したがって $2m \geqq \ell h$ が成立する。これを式 (6.5) に代入して $h$ を消去すると $m-n+2 = h \leqq 2m/\ell$ となり，これを変形することで (1) の式を得る。

つぎに，(2) を証明する。$G$ が閉路をもたない場合は木なので $m = n-1$ であり，$n \geqq 3$ より自明に成立する。$G$ が閉路を含む場合は，グラフが単純であることから $\ell = 3$ とできるので，(1) より (2) を得る。

最後に (3) を証明する。$n \leqq 6$ の場合は自明なので $n \geqq 7$ と仮定する。よって (2) が成立する。本章末の演習問題【1】より，式 (2.1) が成立する。これを (2) に代入して両辺を $n$ で割ることで

$$\frac{\sum_{v \in V} \deg(v)}{n} \leqq 6 - \frac{12}{n}$$

を得るが，これは次数の平均が 6 より小さいことを意味する。よって次数 5 以下の頂点が存在しなければならない。　　　　　　　　　　　　　　□

この定理の (2) は，（単純）平面グラフは必ず $m = O(n)$，すなわち疎であることを表している。

### 6.3.2　グラフ彩色問題

地図の塗り分け問題は，グラフの問題に定式化できるので，**グラフ彩色問題**（graf coloring）である。塗り分けたいおのおのの領域に頂点を対応させ，隣接する（すなわち別の色で塗り分けたい）領域に対応する頂点間に辺を加えて隣接させることによって，グラフをつくることができる。例えば図 6.14 ( a )～( c ) の地図に対応するグラフは**図 6.18** ( a )～( c ) の太線で示したグラフであ

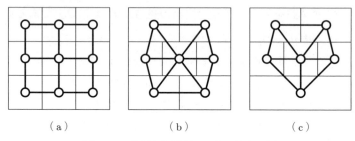

図 6.18 地図と平面グラフとの対応の例

る。地図の塗り分け問題は，このグラフの頂点を隣接する頂点が違う色になるように彩色する問題と考えることができる。

頂点の彩色は彩色関数で定義できる。グラフ $G = (V, E)$ に対し，関数 $f : V \to \{1, \ldots, k\}$ で任意の $(u, v) \in E$ に対し $f(u) \neq f(v)$ であるものを **彩色関数**（coloring function），**彩色**（coloring），**$k$ 彩色**（$k$–coloring）などと呼ぶ。

**彩色問題**（coloring）

**入力** 連結グラフ $G = (V, E)$，正整数 $k \geq 1$

**質問** $k$ 彩色が存在するか？

**$k$ 彩色問題**（$k$–coloring）

**入力** 連結グラフ $G = (V, E)$

**質問** $k$ 彩色が存在するか？

彩色問題と $k$ 彩色問題との違いは，前者は $k$ が入力変数であり，後者は $k$ が定数として扱われていることである。

◎ **定理 6.8** $k \geq 3$ の場合，$k$ 彩色問題は NP 完全である。 □

証明は省略するが，興味のある読者は文献 16) を参照。

● **系 6.1** 彩色問題は NP 完全である。

6.3 彩 色 問 題　　155

[証明]　3彩色問題の任意の問題例 $G$ は，彩色問題の問題例 $(G, 3)$ とも
解釈できるので，定理 6.8 より明らか。　　　　　　　　　　　　　　　　□

---

### 6.3.3　1, 2彩色問題

$k = 1, 2$ の場合の $k$ 彩色問題を考えよう。

まず1彩色問題は辺が存在するか否かを問うことに等しいので，自明に多項
式時間で解ける。つぎに2彩色問題を考える。

○ **補題 6.7**　　グラフ $G$ が2彩色可能である必要十分条件は，$G$ が二部グ
ラフであることである。

[証明]　二部グラフならば，おのおのの部内の頂点は同じ色に塗ることが
できるので，2彩色可能。また，2彩色可能ならば，色 1, 2 で塗られた頂点の
集合をおのおの $V_1, V_2$ とすると，$V_1, V_2$ を部とする二部グラフとなる。　　□

○ **補題 6.8**　　グラフ $G$ が二部グラフである必要十分条件は奇数長の閉路
をもたないことである。

[証明]　非連結グラフは連結成分ごとに考えればよいので，グラフは連結
であると仮定する。

**必要性**：奇数長の閉路をもてば明らかに2彩色できず，補題 6.7 より二部グ
ラフでない。

**十分性**：奇数長の閉路をもたないと仮定する。任意の頂点 $r \in V$ を一つ選
び根とする。任意の頂点 $v \in V$ を固定すると，$r$–$v$ 路の長さは偶数か奇数かの
どちらかに固定される（そうでないと奇数長の閉路ができる）。よって根から
の距離が偶数の頂点を色 1 で，奇数の頂点を色 2 で彩色することで，2彩色を
得て，補題 6.7 より二部グラフである。　　　　　　　　　　　　　　　　□

---

◎ **定理 6.9**　　2彩色問題は線形時間で解くことができる。

[証明]　非連結グラフは連結成分ごとに解けばよいので，グラフは連結であ
ると仮定してよい。

156    6. 古典的アルゴリズム

　任意の頂点 $r \in V$ を一つ固定し，$r$ を根とする幅優先探索を実行することで，各頂点 $v \in V$ について，$r$ からの距離を計算する。その距離が偶数の頂点の集合を $V_1$，奇数の頂点の集合を $V_2$ とし，$V_1$ と $V_2$ の間に辺がなければ2彩色可能であり，あれば不能である（補題 6.7 と補題 6.8 より）。幅優先探索は線形時間で可能である。　　　　　　　　　　　　　　　　　　　　□

### 6.3.4　染色数とその上限

　グラフ $G$ に対し，それが $k$ 彩色をもつような最小の整数 $k$ を $G$ の**染色数**（chromatic number）と呼び，$\chi(G)$ で表す。与えられたグラフに対しその染色数を求める問題は定理 6.8 より NP 困難である。しかし染色数の上限についてある程度のことが知られている。グラフ $G$ の次数の最大値を $\Delta(G)$ と書くことにする。

◎ **定理 6.10**　　任意のグラフ $G$ に対し，$\chi(G) \le \Delta(G) + 1$ が成立する。

　[証明]　　頂点数 $n$ の帰納法で示す。$n = 1$ のときは $\chi(G) = 1$，$\Delta(G) = 0$ より成立する。頂点数 $n-1$ 以下のときに成立すると仮定する。頂点数 $n$ のグラフ $G = (V, E)$ から，任意の頂点 $v \in V$（とそれに接続している辺）を削除してできたグラフを $G'$ とする。帰納法の仮定より $G'$ は $\Delta(G') + 1 \le \Delta(G) + 1$ 色で彩色できる。その彩色を $G$ の $v$ 以外の頂点に与えたとき，$v$ の隣接頂点の数はたかだか $\Delta(G)$ なので，$v$ の隣接頂点に使用していない色が少なくとも1色存在する。それを $v$ に塗ることで $G$ の $(\Delta(G) + 1)$ 彩色を得る。　　□

　定理 6.10 の与える上限の値が染色数に等しいグラフは存在する。例えば $n$ 頂点完全グラフ $K_n$（$\chi(K_n) = n$，$\Delta(K_n) = n - 1$）と奇数長の閉路 $C_{2p+1}$（$\chi(C_{2p+1}) = 3$，$\Delta(C_{2p+1}) = 2$）がそうである（**図 6.19** 参照）。よって定理 6.10 の上限は，すべてのグラフが対象と考えるならばこれ以上改善できないが，実はこの上限に一致するグラフは $K_n$ と $C_{2p+1}$ しか存在しないということがつぎの定理によって証明されている。

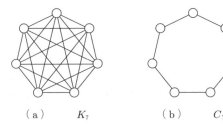

図 **6.19** 定理 6.11 の上限値を与えるグラフの例

---

◎ **定理 6.11**（ブルックス（Brooks）の定理[11]） $G$ が完全グラフでも奇数長の閉路でもなければ，$\chi(G) \leq \Delta(G)$ である。 □

---

証明は省略するが，興味のある読者は文献 16) を参照。

### 6.3.5 四 色 定 理*

## 演 習 問 題

【 1 】 最小木問題について，つぎのアルゴリズムを考える。
　　　　最初に $F = E$ とする。辺を重い順に調べていき，その辺を含む閉路が $(V, F)$ 内に存在するならばその辺を $F$ より取り除く。そうでなければその辺は $F$ に残し，つぎに重い辺を調べる。これをつづけていき，$(V, F)$ に閉路がなくなったら終了。
　このアルゴリズムで最小木が得られることを証明せよ。なお，簡単のためにすべての辺の重みは異なると仮定してよい。

【 2 】 辺に長さが付与された有向ネットワーク $(G = (V, E), \text{length})$ の $s \in V$ を根とする根付き全域出木 $T$ が $s$ を根とする最短路木である必要十分条件はつぎの条件であることを証明せよ。
　　**条件 SPT** 任意の $(u, v) \in E - E[T]$ に対し，つぎの式が成立する。

$$\text{length}(P_T(v)) \leq \text{length}(P_T(u)) + \text{length}(u, v) \tag{6.6}$$

【 3 】 五色定理（付録 PDF の定理 A.4 参照）の証明を与えよ。

COMPUTER SCIENCE TEXTBOOK SERIES

# 7 定数時間アルゴリズム

## 7.1 定数時間アルゴリズムとはなにか

### 7.1.1 定数時間アルゴリズムの一般的枠組み

ここまで説明してきたアルゴリズムの計算時間は，インスタンスのデータ量を $n$ とすると，最も速いもので $\Theta(n)$ 時間であり，$O(\sqrt{n})$ とか $O(\log n)$ などといった $o(n)$ のものは存在しなかった．考えてみるとこれは当然のことで，インスタンスのデータをすべて読み込むだけでこれだけの時間は必要だからである．実際，よほど特殊な問題でないかぎり，インスタンスのデータを一部だけしか読まずに，正確な解を求めることは無理だろう[†]．ただし，正確さを多少犠牲にすれば，可能かもしれない．実際，われわれの社会においてもそのようなことはある．例えば，選挙においてテレビ局が行う出口調査は，全体の投票数から見るとほんの一部のデータを調べているだけなのにもかかわらず，当落を非常に正確に予想している．視聴率調査もそうだし，われわれ自身も料理の味見で全部を食べてしまうことはない．

このような技法を，これまでわれわれが扱ってきたような複雑な問題に対しても適用しようというのが，「定数時間アルゴリズム」の考え方である．すなわち，インスタンスのデータサイズを $n$ とするとき，そのうちの定数個しか読まずに結果を出すアルゴリズムを**定数時間アルゴリズム**という．また，$o(n)$ 個の

---

[†] もしそんなことが可能なら，インスタンスの表現に無駄がある，ということになる．

データを読む場合には**劣線形時間アルゴリズム**という。劣線形時間アルゴリズムは定数時間アルゴリズムを含む概念であるが，これまで提案された劣線形時間アルゴリズムの多くは定数時間アルゴリズムにもなっている。本書でも定数時間アルゴリズムについて説明するが，ここで述べられた概念は劣線形時間アルゴリズム一般に適用可能なものである。

定数時間アルゴリズムには以下の特徴がある。

1. 理論的保証がある。すなわち，ヒューリスティクスではない。

2. 確率的アルゴリズムである。一部のデータしか見ないのであるから，データから確率的にサンプリングする必要があり，必然的に確率的アルゴリズムとなる。

3. Web グラフ，ゲノム，天文などのビッグデータを扱うのに適している。

### 7.1.2 性 質 検 査

Yes か No かの二者択一の答を要求する類の問題を**判定問題**（decision problem）という。性質検査とは，判定問題の緩和問題である。

例えば，$n$ 個の頂点，$m$ 本の辺からなるグラフ $G$ が入力として与えられたとき，それが連結であるか否かを $n$ と $m$ に無関係な定数個のデータを見るだけで検査するような問題を性質検査という。しかしこれは直感的には不可能である。なぜならば，少なくとも全域木を見つけなければ連結であると断定はできず，全域木のデータ量は $\Theta(n)$ であるからである。そこで，多少の不正確さを許容する。すなわち，以下の二つの不正確さを認める。

**1. 大まかな区別がつけばよい**

例えば連結性判定問題の場合，「連結なグラフ」と「連結からほど遠いグラフ」が区別できればよいこととし，その中間である，「非連結だがほとんど連結に近いグラフ」が与えられても，判定できなくてもよいこととする。このためには，グラフ $G$ と性質 $P$ との間に距離（0 以上 1 以下に正規化）を導入し

- 性質 $P$ を満たすグラフは性質 $P$ までの距離が 0 で，

160    7. 定数時間アルゴリズム

- 性質 $P$ から遠いグラフほど,$P$ までの距離が1に近くなる,

ように定める。そして,性質検査アルゴリズムは,$\forall \epsilon > 0$ に対し,与えられたグラフ $G$ の性質 $P$ までの距離が

- 0ならば $G$ を受理し,

- $\epsilon$ 以上ならば $G$ を拒否する。

なお,距離が0と $\epsilon$ の間のときには,出力はなにも保証しない。なお,性質と距離の定義は **7.1.3 項**と **7.1.4 項**で与える。

**2. 確率的に判定**

任意の入力に対し,確率 2/3 以上で正解を出すように設計する。なお,このアルゴリズムを定数回繰り返すことで,正解率はいくらでも1に近づけることができる[†]。

### 7.1.3 グラフの「性質」

本書では主にグラフの性質検査に関して説明するが,そのためにまず,「グラフの性質」とはなにかを定義しておく必要がある。

頂点数が $n$ であるグラフのことを **$n$ 頂点グラフ**とも呼ぶことにする。$n$ 頂点グラフ $G$ と $G'$ が,頂点や辺の番号(ラベル)を除いて同じ形をしているとき,その両者は同型であるという。厳密な定義は以下のとおりである。

---

● **定義 7.1**    二つのグラフ $G = (V, E)$ と $G' = (V', E')$ に対し,$V$ から $V'$ への全単射 $\pi : V \to V'$ が存在して,$\forall x, y \in V$,$(x, y) \in E \Leftrightarrow (\pi(x), \pi(y)) \in E'$ であるとき,$G$ と $G'$ は**同型**(isomorphic)であるという。

---

直感的に説明すれば,$G$ の頂点と $G'$ の頂点の間にうまく一対一対応をとると,両者の辺の場所もまったく重なるようにできる,ということである。

---

[†] つまり,この 2/3 というのは,1/2 より真に大きい,最も簡潔な分数という意味で用いられているにすぎない。

本章では，同型なグラフは同じグラフであると考える。

ここで本章で扱うグラフの「性質」を定義しておく。

● **定義 7.2**　　グラフの**性質**（property）は，$\Gamma$ の部分集合で定義される。

すなわち，グラフの性質とは，同型性について閉じていなければならない。

### 7.1.4　グラフ $G$ と性質 $P$ の距離

問題の入力として許すグラフの全体集合を $\Gamma$ とし，そのうちで $n$ 頂点のものの集合を $\Gamma_n$ とする。なお，$\Gamma$, $\Gamma_n$ は「性質」の定義と同様に，同型なグラフは同じ要素と考える。定義より，つぎの関係が成立する。

$$\Gamma = \bigcup_{n=1}^{\infty} \Gamma_n$$

二つの $n$ 頂点グラフ $G, G' \in \Gamma_n$ に対し，辺集合の対称差集合

$$G \oplus G' := (E[G] - E[G']) \cup (E[G'] - E[G])$$

を考える。つぎに $V[G]$ から $V[G']$ への全単射 $\pi : V[G] \to V[G']$ に対し

$$\pi(E[G]) := \{(\pi(i), \pi(j)) \mid (i, j) \in E[G]\}$$

とする。

$G$ と $G'$ の間の**距離**（distance）$\mathrm{dist}(G, G')$ を以下のように定義する。

$$\mathrm{dist}(G, G') := \frac{\min_{\pi} |\pi(E[G]) \oplus E[G']|}{\max_{G'' \in \Gamma_n} |E[G'']|} \tag{7.1}$$

ただし上式の min における $\pi$ の範囲は $V[G]$ から $V[G']$ への全単射すべてとする。例えば**図 7.1** の二つのグラフ $G$ と $G'$ を考えよう。両者はもちろん同型ではない[†] ので $\mathrm{dist}(G, G') > 0$ であることは明らかであり，さらに $G'$ に辺 $(v, y)$

---

†　$G$ には次数 1 の頂点が存在するが $G'$ には存在しないことから明らか。

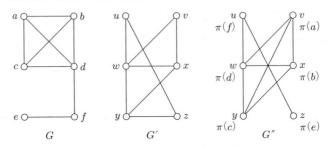

図 7.1 グラフ $G$ と $G'$ の距離

を加えて辺 $(y,z)$ を削除する（したがって，合計 2 本の辺について追加または削除する）ことでグラフ $G''$ を得るが，これは $G$ と同型である（なぜならば，$\pi(a) = v$, $\pi(b) = x$, $\pi(c) = y$, $\pi(d) = w$, $\pi(e) = z$, $\pi(f) = u$ という写像を考えればよい）．したがって $\mathrm{dist}(G, G') \leqq 2/15$ であるが，明らかに 1 本の辺の追加または削除では同型にできないので[†]，$\mathrm{dist}(G, G') = 2/15$ であることがわかる．

なお，距離の定義に $\max_{G'' \in \Gamma_n} |E[G'']|$ を使っているので，同じ $G$ と $P$ の取合せであっても，$\Gamma_n$ の範囲によって距離は変わる．詳しくは **7.1.5 項** 参照．

$n$ 頂点グラフ $G$ と性質 $P$ との距離 $\mathrm{dist}(G, P)$ は，性質 $P$ をもつグラフで最も $G$ との距離が近いものとの距離で定義される．すなわち以下のとおりである．

$$\mathrm{dist}(G, P) := \min_{G' \in P \cap \Gamma_n} \mathrm{dist}(G, G') \tag{7.2}$$

定義より $G \in P$ ならば $\mathrm{dist}(G, P) = 0$ である．

実数 $0 \leqq \epsilon \leqq 1$ に対し

- $\mathrm{dist}(G, P) > \epsilon$ であるとき，$G$ は $P$ より $\epsilon$ 遠隔（$\epsilon$–far）であるといい，
- $\mathrm{dist}(G, P) \leqq \epsilon$ であるとき，$G$ は $P$ に $\epsilon$ 近接（$\epsilon$–close）であるという．

### 7.1.5　インスタンスの表現法

アルゴリズムはインスタンス（入力）の一部しか見ないのであるから，イン

---

[†] $G$ と $G'$ の辺の数が同じであることから自明．

7.1 定数時間アルゴリズムとはなにか　　*163*

スタンスをどのような形で与えるのかが重要になる。定数時間アルゴリズムにおいては

**インスタンスはオラクル（神託）によって与えられる。**

オラクルとはいわばブラックボックスで，アルゴリズムはオラクルに質問することでインスタンスの断片的な情報を得ることができる。

　例えば辺オラクルというのは，頂点番号の対 $(i,j)$ を尋ねることで，辺 $(i,j)$ が存在するか否かを答えてくれる。頂点数 $n$ は与えられていて，頂点集合が $\{1,\dots,n\}$ であることは，アルゴリズムはあらかじめわかっているとする。1 回の質問で一つの頂点対について聞くことができ，アルゴリズムが質問した回数を**質問計算量**という。これが定数ならば，必然的に計算時間は定数時間となり，定数時間アルゴリズムとなる。

　オラクルとはインスタンスの表現法そのものと考えることもできる。グラフのインスタンスの表現法には大きく分けて以下の 2 通りの方法がある。

1. 隣接行列モデル[†1]（密グラフモデル）

2. 次数制限モデル（疎グラフモデル）

$n$ 頂点グラフが**密**（dense）であるとは，辺の数が $\Omega(n^2)$ 本あることをいい，**疎**（sparse）であるとは，辺の数が $O(n)$ であることをいう[†2]。隣接行列モデルは，密グラフに関する性質を扱う場合に用い，次数制限モデルは，疎グラフに関する性質を扱う場合に用いる。

　インスタンスのグラフが密であるか疎であるかは，古典的な枠組みではたいていの場合特に意識して区別することはない。しかし，定数時間アルゴリズムにおいては，距離の定義に，扱うグラフの最大辺数（式 (7.1) における $\max\limits_{G''\in\varGamma_n}|E[G'']|$）を使うので，その両者を区別する必要がある。

　以下でおのおのについて概要を説明する。

1. **隣接行列モデル**（adjacency matrix model，**密グラフモデル**（dense graph

---

†1　2.4.5 項 参照。

†2　$o(n^2)$ のときに「疎である」ということもある。統一的に定められた用語というわけではなく，状況に応じて使い分けている。

## 164　7. 定数時間アルゴリズム

model）ともいう）

頂点集合は $V = \{1, \ldots, n\}$ で表す。グラフはつぎで定義される隣接行列 $\mathrm{AD}_G : \{1, \ldots, n\}^2 \to \{0, 1\}$ で表現する（隣接行列の詳細は **2.4.5 項**参照）。

$$
\mathrm{AD}_G(i, j) = \begin{cases}
1, & \text{if } (i, j) \in E[G] \\
0, & \text{if } (i, j) \notin E[G]
\end{cases}
$$

本モデルにおいてはつぎのオラクルを用いる。

　**辺オラクル**（**隣接行列オラクル**）：頂点番号の対 $(i, j)$ を与える
　と $\mathrm{AD}_G(i, j)$ の値を返す。

式 (7.1) における $\displaystyle \max_{G'' \in \Gamma_n} |E[G'']|$ の値は $n^2$ になる[†]。

2. **次数制限モデル**（bounded degree model, **疎グラフモデル**（sparse graph model）ともいう）

このモデルでは扱われるグラフは次数の上限値 $d$ をもつものに限る。$d$ は定数と考えるので，辺の数は $dn/2 = O(n)$ 以下となり，グラフは疎になる。

頂点集合は $V = \{1, \ldots, n\}$ で表わす。グラフはつぎで表される隣接頂点行列 $\mathrm{AV}_G : \{1, \ldots, n\} \times \{1, \ldots, d\} \to \{1, \ldots, n, \bot\}$ で表される。

$$
\mathrm{AV}_G(i, k) = \begin{cases}
\text{頂点 } i \text{ の } k \text{ 番目の隣接頂点の番号} \\
\qquad\qquad\qquad \text{（それが存在する場合）} \\
\bot \qquad\qquad\quad \text{（それが存在しない場合）}
\end{cases}
$$

隣接頂点行列は隣接リスト（**2.4.5 項** 参照）を行列で表現したものである。

本モデルにおいてはつぎのオラクルを用いる。

　**隣接頂点オラクル**：頂点番号 $i$ と整数 $k \in \{1, \ldots, d\}$ を与える
　と $\mathrm{AV}_G(i, k)$ の値を返す。

---

[†]　無向グラフであるから，厳密には $n(n-1)/2$ になるはずである。しかし，劣線形時間アルゴリズムにおいては，距離の定数倍はアルゴリズムの計算量に定数倍しか影響しないので，見た目がすっきりする $n^2$ を分子にしてしまうことが多い。しかしここを $n^2/2$ などとしても以降の議論は問題なく成立する。

式 (7.1) における $\max\limits_{G'' \in \Gamma_n} |E[G'']|$ の値は $dn$ になる[†1]。

### 7.1.6 検査アルゴリズムと検査可能性

性質 $P$ に対する**検査アルゴリズム**（testing algorithm）とは，与えられた任意のグラフ $G = (V, E)$ と任意の定数 $0 < \epsilon < 1$ に対し，$G \in P$ であるならば確率 2/3 以上で $G$ を受理し，$G$ が $P$ より $\epsilon$ 遠隔であるならば確率 2/3 以上で $G$ を拒否する乱択アルゴリズムのことをいう。計算時間が $|V|$ と $|E|$ に無関係な定数（ただし $\epsilon$ は定数であると考える）である検査アルゴリズムが存在するとき，$P$ は**検査可能**（testable）であるという。検査アルゴリズムが，$G \in P$ であるときにつねに（確率 1 で）$G$ を受理する場合，**片側誤り**（one–sided error）であるという。

## 7.2 隣接行列モデル

本節では隣接行列モデルを用いる。

### 7.2.1 無三角性検査

グラフ $G$ が長さ 3 の閉路 $C_3$ を部分グラフとして含まないとき，**無三角**（triangle–free）という[†2]。

◎ **定理 7.1**　隣接行列モデルにおいて，グラフの無三角性は片側誤りで定数時間検査可能である。

片側誤りであるので

- $G$ が無三角ならばつねに（確率 1 で）受理し，

---

†1　ここも，正確には $dn/2$ が最大値であるが，隣接行列モデルの場合と同様の理由で，$dn$ としてしまうことが多い。

†2　いうまでもなく，$C_3$ を「三角」と見立てたのである。

166　　7. 定数時間アルゴリズム

- $G$ が無三角より $\epsilon$ 遠隔ならば確率 $2/3$ 以上で拒否する.

アルゴリズムを作成する.

定義より,「グラフ $G$ が無三角より $\epsilon$ 遠隔である」必要十分条件は,「$G$ から
どのように $\epsilon n^2$ 本辺を削除しても, どこかに $C_3$ が残る」ことである. このア
ルゴリズムは非常にシンプルなものでよい.

**procedre** TRIANGLEFREE($G$)
**begin**
　　$s_{TF}(\epsilon)$ (後ほど与える) 個の頂点を $G$ より一様ランダムに選び, その集合
　　を $S$ とする.
　　$S$ による $G$ の誘導部分グラフ $G[S]$ を作成する.
　　$G[S]$ が $C_3$ を含めば「拒否」し, 含まなければ「受理」する.
**end.**

このアルゴリズムは, 無三角な $G$ を必ず受理することは明らか ($\because G$ が無三
角ならば $G$ の任意の部分グラフも無三角). したがって, あとは「無三角から
$\epsilon$ 遠隔な $G$ を確率 $2/3$ 以上で拒否する」ことを示せばよい.

以下でこのことを証明していく.

- **補題 7.1**　　任意の $0 < \epsilon < 1$ に対し実数 $\delta = \delta_{7.1}(\epsilon) > 0$ が存在し, 任
  意の $n$ 頂点グラフ $G$ について, $G$ が無三角から $\epsilon$ 遠隔ならば $G$ は少な
  くとも $\delta n^3$ 個の $C_3$ を含む.

本補題の証明には, **8.5 節**で解説する正則性補題 (定理 8.9) を用いる. なお,
正則性補題はかなり難解であり, 正則性補題を理解せずにつぎに記す補題 7.1
の証明を理解するのは困難である. したがって「すべてを理解しながら読み進
まないと気が済まない」読者以外は, とりあえずつぎの証明は飛ばして **7.2.2**
項に進んで構わない.

　[証明]　**補題 7.1 の証明**　　$\epsilon'$ を $\epsilon$ で決まる定数 (後ほど定める) とし, $t = \lceil 1/\epsilon' \rceil$
とする. $T_{8.9}$ は定理 8.9 で定義される関数である.

$$\delta < \frac{1}{T_{8.9}^3(\epsilon', t)} \tag{7.3}$$

とすることで, $n < T_{8.9}(\epsilon', t)$ の場合には $\delta n^3 < 1$ となり, 自明に成立する. よって以降は $n \geq T_{8.9}(\epsilon', t)$ と仮定する. 定理 8.9 より, $G$ は $\epsilon'$ 正則分割 $P = \{V_0, V_1, \ldots, V_k\}$ $(t \leq k \leq T_{8.9}(\epsilon', t))$ をもつ. $c = |V_1| = \cdots = |V_k|$ とする.

$G$ より以下の辺を削除し, $G'$ を得る.

- $V_0$ 内の頂点に接続している辺 ($\epsilon' n^2$ 本未満).
- 両端が同じ $V_i$ $(i = 1, \ldots, k)$ に属する辺 ($kc^2/2 = (kc)^2/2k \leq \epsilon' n^2/2$ 本未満).
- $\epsilon'$ 正則でない対 $(V_i, V_j)$ 間の辺 ($\epsilon' k^2 c^2 \leq \epsilon' n^2$ 本以下).
- $\epsilon'$ 正則でかつ $d(V_i, V_j) < 2\epsilon'$ である対 $(V_i, V_j)$ 間の辺 ($2\epsilon' c^2 k^2/2 \leq \epsilon' n^2$ 本未満).

以上より, $G'$ は $G$ から $\epsilon' n^2 + \epsilon' n^2/2 + \epsilon' n^2 + \epsilon' n^2 < 4\epsilon' n^2$ 本未満の辺を削除して得られる. したがって

$$\epsilon' \leq \frac{\epsilon}{4} \tag{7.4}$$

とすれば, $G$ が無三角から $\epsilon$ 遠隔であることから, $G'$ は $C_3$ を含む. $G'$ の作成法から, $G'$ 上の $C_3$ は, 密度が $2\epsilon'$ 以上あるたがいに $\epsilon'$ 正則な三つの異なる $P$ の要素 (一般性を失うことなくこれらを $V_1, V_2, V_3$ とする) 間に一つずつ頂点をもつ.

頂点 $v \in V_1$ が $e(v, V_2) \geq \epsilon' c$ かつ $e(v, V_3) \geq \epsilon' c$ であるとき, 典型的であると呼ぶことにする. 典型的な頂点の集合を $U_1 \subseteq V_1$ とする. ここで

$$|U_1| \geq (1 - 2\epsilon')c \tag{7.5}$$

となることを以下で示す.

$$X_{12} = \{v \in V_1 \mid e(v, V_2) < \epsilon' c\}$$

とおく. ここで, $|X_{12}| > \epsilon' c$ と仮定すると, $e(X_{12}, V_2) < |X_{12}| \epsilon' c$ より, $d(X_{12}, V_2) < \epsilon'$ となるが, $d(V_1, V_2) \geq 2\epsilon'$ なので, これは $(V_1, V_2)$ の $\epsilon'$ 正則性に反する. よって

$$|X_{12}| \leq \epsilon' c$$

でなければならない. 同様に, $X_{13} = \{v \in V_1 \mid e(v, V_3) < \epsilon' c\}$ とおくと, $|X_{13}| \leq \epsilon' c$ も得られる.

以上から

$$|U_1| = c - |X_{12} \cup X_{13}| \geq c - 2\epsilon' c$$

**168** 7. 定数時間アルゴリズム

となり，式 (7.5) を得る．

$v_1 \in U_1$ を一つ任意に選び，$V_2$, $V_3$ 内の $v_1$ の隣接点の集合をおのおの $U_2$, $U_3$ とする．$|U_2|, |U_3| \geq \epsilon' c$ なので，$(V_2, V_3)$ が $\epsilon'$ 正則であることから，$d(U_2, U_3) \geq \epsilon'$ すなわち

$$e(U_2, U_3) \geq \epsilon'(\epsilon' c)^2 = \epsilon'^3 c^2$$

である．これを式 (7.5) と合わせると，$U_1$, $U_2$, $U_3$ にまたがる $C_3$ は少なくとも

$$\epsilon'^3 c^2 (1 - 2\epsilon')c = \epsilon'^3 (1 - 2\epsilon')c^3$$

個存在する．$\epsilon' = \epsilon/4$ とおくと

$$
\begin{aligned}
\epsilon'^3 (1 - 2\epsilon')c^3 &> \frac{\epsilon^3}{4^3} \cdot \frac{1}{2} \cdot \left( \frac{(1 - \epsilon')n}{k} \right)^3 \\
&\geq \frac{\epsilon^3}{2^7} \left( \frac{(3/4)n}{T_{8.9}(\epsilon', \lceil 1/\epsilon' \rceil)} \right)^3 \\
&> \frac{\epsilon^3 n^3}{2^8 T_{8.9}^3(\epsilon/4, \lceil 4/\epsilon \rceil)}
\end{aligned}
$$

となる．ただし 2 番目の不等式は $1 - 2\epsilon' > 1/2$ （$\because \epsilon < 1/4$）と $c \geq (1 - \epsilon')n/k$ を用いている．

よって

$$\delta_{7.1}(\epsilon) = \frac{\epsilon^3 n^3}{2^8 T_{8.9}^3(\epsilon/4, \lceil 4/\epsilon \rceil)}$$

とすれば題意を満たす． □


### 7.2.2 手続き TRIANGLEFREE の正当性の証明

[証明] **定理 7.1 の証明** 手続き TRIANGLEFREE によって無三角性が検査可能であることを示す．

無三角グラフの部分グラフも必ず無三角グラフなので，$G$ が無三角ならば明らかに確率 1 で受理される．したがって片側誤りである．よって以下では $G$ が無三角から $\epsilon$ 遠隔と仮定し，確率 2/3 以上で拒否されることを示す．

補題 7.1 より，$G$ は $\delta n^3$ 個以上 $C_3$ を含む（ただし $\delta = \delta_{7.1}(\epsilon)$）．したがって $G$ より一様ランダムに 3 点選んだ場合，それが $C_3$ をつくらない確率は

$$1 - \frac{3! \delta n^3}{n^3} = 1 - 6\delta$$

以下である。よって 3 点を $t$ 組一様ランダムに選んだ場合，$C_3$ が一つも現れない確率はたかだか

$$(1 - 6\delta)^t \leq \left(e^{-6\delta}\right)^t = \left(e^{-1}\right)^{6\delta t}$$

である（ただし，最初の不等式は定理 8.1 より）。したがって $6\delta t \geq 2$ とすれば，この確率は $e^{-2} < 1/3$ 以下となる。すなわち

$$s_{TF}(\epsilon) = 3t = \frac{1}{\delta_{7.1}(\epsilon)} = \frac{2^8 T^3(\epsilon/4, \lceil 4/\epsilon \rceil)}{\epsilon^3}$$

とすれば題意を満たす。　　　　　　　　　　　　　　　　　　　　　　　　□

### 7.2.3　一般化 —— 無 $H$ 性とモノトーン性

先の無三角性の議論は，そのまま一般の無 $H$ 性に拡張できる。

---

● **定義 7.3**　　グラフ $G$ がグラフ $H$ を部分グラフとして含まないとき，$G$ は無 $H$（$H$–free）であるという。

---

○ **補題 7.2**　　実数 $0 < \epsilon < 1$ と $h$ 頂点の連結グラフ $H$ に対し，整数 $\delta = \delta_{7.2}(\epsilon, H)$ が存在し，もし $n$ 頂点グラフ $G$ が無 $H$ から $\epsilon$ 遠隔であるならば，$G$ は少なくとも $\delta n^h$ 個の $H$ を部分グラフとして含む。

　[証明]　　補題 7.1 と同様の方法でできるので，省略する。　　　　　　　□

---

◎ **定理 7.2**　　任意の連結グラフ $H$ について，無 $H$ 性の検査は片側誤りで定数時間でできる。

　[証明]　　$\epsilon$ と $H$ によって定まる非負整数関数 $s_{7.2}(\epsilon, H)$ を考える（この関数は後ほど定義する）。$G$ より $s = s_{7.2}(\epsilon, H)$ 個の頂点を一様ランダムに選んで，その集合を $S$ とし，$S$ によって誘導される $G$ の部分グラフ $S[G]$ が $H$ を部分グラフとして含めば拒否，含まなければ受理するアルゴリズムを考える。

　$G$ が無 $H$ ならば本アルゴリズムは必ず受理するので，片側誤りである。つぎに $G$ が無 $H$ から $\epsilon$ 遠隔であると仮定する。$H$ の頂点数を $h$ とする。補

170    7. 定数時間アルゴリズム

題 7.2 より $G$ は少なくとも $\delta n^h$ 個の $H$ を部分グラフとして含む。したがって $G$ より頂点を一様ランダムに $h$ 個選んだ場合，それが $H$ を部分グラフとして含まない確率はたかだか $1 - h!\delta n^h/n^h = 1 - h!\delta$ である。よって $h$ 点を $t$ 組一様ランダムに選んだ場合，それらが $H$ を一つも含まない確率はたかだか

$$(1 - h!\delta)^t \leq \left(e^{-h!\delta}\right)^t = \left(e^{-1}\right)^{h!\delta t}$$

である（最初の不等式は定理 8.1 より）。したがって，$h!\delta \geq 2$ とすればこの確率は $1/3$ 以下となる。すなわち

$$s_{7.2}(\epsilon, H) = ht = \frac{2}{(h-1)!\delta_{7.2}(\epsilon, H)}$$

とすればよい。                                                                 □

●**定義 7.4**    グラフの集合 $\mathcal{H}$ に対し，グラフ $G$ が $\forall H \in \mathcal{H}$ に対し無 $H$ であるとき，$G$ は無 $\mathcal{H}$（$\mathcal{H}$–free）であるという。

◎**定理 7.3**    グラフの任意の有限集合 $\mathcal{H}$ に対し，無 $\mathcal{H}$ 性は片側誤りで定数時間で検査可能。

  〔証明〕    $\forall H \in \mathcal{H}$ に対し，定理 7.2 のアルゴリズムを $\ell$ 回繰り返すことで無 $H$ の検査で誤った判定をする確率を $3^{-\ell}$ 以下にすることができる[†]。$|\mathcal{H}| = k$ とすると，$k3^{-\ell} \leq 1/3$ となるように $\ell$ をとれば，$\mathcal{H}$ の要素のグラフのどれか一つでも誤る確率を $1/3$ 以下にできる。すなわち $\ell \geq \log_3 3k$ とすればよく，これは定数である。                                                                 □

●**定義 7.5**    性質 $P$ が，頂点と辺の削除について閉じているとき，すなわち，$\forall G \in P$ に対して，$G$ の任意の部分グラフ $G'$ も $G' \in P$ であるとき，$P$ はモノトーン（monotome）であるという。

---

† 1 回でも $H$ を見つけたら，無 $H$ でないことがわかる。

例えば，無 $H$ 性や平面性，二部グラフであること，$k$ 彩色性などはすべてモノトーンな性質である。

○**補題 7.3**　モノトーンな性質 $P$ に対し，グラフの集合 $\mathcal{H}_P$ が存在し，「$G \in P$ である必要十分条件は $G$ が無 $\mathcal{H}_P$ であること」が成立する。

〔証明〕　$P$ を満たさないグラフの集合を $\mathcal{H}_P$ とすればよい。なぜならば，まず

$$G \notin P \Rightarrow G \in \mathcal{H}_P \Rightarrow G\text{ は無 } \mathcal{H}_P \text{ でない}$$

は明らかである。よってつぎにその逆も成立することを確かめる。

あるグラフ $G$ が ∃$H \in \mathcal{H}_P$ に対して無 $H$ でないと仮定する。すなわち，$G$ は $H$ を部分グラフとして含む。$\mathcal{H}_P$ の決め方から $H \notin P$ であり，$P$ はモノトーンなので，$G \notin P$ である。したがって

$$G\text{ は無 } \mathcal{H}_P \text{ でない} \Rightarrow G \notin P$$

も成立する。　　　　　　　　　　　　　　　　　　　　　　　　　□

定理 7.3 より，$\mathcal{H}_P$ が有限集合ならば定数時間で無 $\mathcal{H}_P$ 性の検査ができる。しかし $\mathcal{H}_P$ が無限集合となるモノトーンな性質も存在する。

　　例：$P$ が二部グラフとすると，$\mathcal{H}_P$ は奇数長の閉路すべて，すなわち $\mathcal{H}_P = \{C_3, C_5, C_7, \ldots\}$

しかし N. Alon と A. Shapira はつぎの性質を示し，これを解決した。

---

◎**定理 7.4**　（Alon & Shapira, 05）　任意のモノトーンな性質 $P$ と任意の実数 $0 < \epsilon < 1$ に対し，整数 $W = W_{7.4}(\epsilon, P)$ が存在し，グラフ $G$ が $P$ より $\epsilon$ 遠隔ならば $G$ は $P$ を満たさない頂点数 $W$ 以下の部分グラフを含む。

---

◎**定理 7.5**　任意のモノトーンな性質は片側誤りで定数時間で検査可能。

〔証明〕　頂点数 $W$ 以下のグラフの個数はたかだか $2^{W^2}$ 個なので，定理 7.3 から示すことができる。　　　　　　　　　　　　　　　　　　　□

172    7. 定数時間アルゴリズム

N. Alon らはその後この定理をさらに拡張して，つぎの性質も定数時間で検査できることを示した。

● **定義 7.6**    性質 $P$ が，頂点の削除について閉じているとき，すなわち，$\forall G \in P$ に対して，$G$ の任意の誘導部分グラフ $G'$ も $G' \in P$ であるとき，$P$ は**遺伝的**（hereditary）であるという。

◎ **定理 7.6**    任意の遺伝的な性質は片側誤りで定数時間で検査可能。

この証明は定理 7.5 の証明と同様の流れで行われている。

その後，さらにこの性質が拡張され，隣接行列モデルに関して定数時間検査ができるクラスの特徴付けを行うことに成功している[1),3)]。

## 7.3 次数制限モデル

本節では次数制限モデルを用いる。

### 7.3.1 次数制限モデルの基本

（**1**）　**隣接行列モデルとの違い**　　ここでいま一度，隣接行列モデルとの違いを比較しておこう。

- 隣接行列モデル
    - 辺オラクル：辺 $(i, j)$ が存在するか？
- 次数制限モデル
    - 次数上限 $d$（定数）をもつ。
    - 隣接頂点オラクル：頂点 $i$ の $k$ 番目の隣接頂点はなに？

次数制限モデルが必要な理由は以下のとおりである。

7.3 次数制限モデル **173**

1. グラフ $G$ が疎だと，辺オラクルはほとんどの場合「辺 $(i,j)$ は存在しない」という答を返す。よって定数回のクエリでは，「疎である」という情報しか得られず，ほとんど使い物にならない。

2. また，例えば平面性の検査の場合，平面グラフの辺数はたかだか頂点数の線形（頂点数を $n$ とするとたかだか $3n - 6 = O(n)$)[†] なので，以下の判定法が適用できる（辺数を $m$ とする）。

   - $m = \omega(n) \Rightarrow$ 平面でない。$\Rightarrow$ 拒否。
   - $m = O(n) \Rightarrow$ 平面グラフに $\epsilon$ 近接。$\Rightarrow$ 受理。

   したがって，「疎か密か」だけで検査できてしまう。

つまり疎グラフの性質に対しては，隣接行列モデルは「おおまかすぎる」のである。

**（2） 検査アルゴリズムの標準的構造**　　次数制限モデルにおける検査アルゴリズムは，基本的に以下の構造をしている。

**procedre** BDTEST$(G)$

**begin**

1　一様ランダムに $s$ 個の頂点 $v_i \in V$ $(i = 1, \ldots, s)$ を選ぶ。

2　各 $v_i$ の周りを定数（$t$）範囲（BFS など適当な探索法で）探索し，誘導部分グラフ $F(v_i)$ をつくる。

3　$\{F(v_1), \ldots, F(v_s)\}$ の性質を見て判定する。

**end.**

### 7.3.2　無三角性検査と無 $H$ 性検査

まず簡単な例として，無三角性検査アルゴリズムを見てみよう。無三角性は隣接行列モデルではその証明に正則性補題を必要としたが，次数制限モデルでははるかに容易に証明できる。

---

† 定理 6.7 の (2) を参照。

**174**     7. 定数時間アルゴリズム

---

◎ **定理 7.7**     次数制限モデルにおいて，無三角性は片側誤りで定数時間で検査可能。

(証明)     グラフ $G$ において，一つ以上の $C_3$ に含まれる辺の集合を $F$ とすると，$G$ が無三角より $\epsilon$ 遠隔ならば，$|F| > \epsilon dn$ である。

$F$ 内の辺に接続する頂点の集合を $U$ とする。一つの頂点 $v \in V$ にたかだか $d$ 本の辺が接続するので

$$|U| \geq \frac{2|F|}{d} > \frac{2\epsilon dn}{d} = 2\epsilon n$$

よって，ランダムに頂点を選んだとき，それが $U$ に含まれない確率はたかだか

$$\frac{n - 2\epsilon n}{n} = 1 - 2\epsilon$$

である。

頂点を $s$ 個ランダムに選んだ場合，すべてが $U$ に含まれない確率はたかだか

$$(1 - 2\epsilon)^s \leq \left(e^{-2\epsilon}\right)^s = \left(e^{-1}\right)^{2\epsilon s}$$

となる（最初の不等式は定理 8.1 より）。よって，$s \geq 1/\epsilon$ とすれば，この確率は $1/3$ 以下になる。

$v \in U$ からは深さ 3 の幅優先探索を行えば $C_3$ が見つかる。よって，アルゴリズム BDTEST において

- $s = 1/\epsilon$
- $F(v_i)$ を，$v_i$ から深さ 3 の幅優先探索で得られる頂点すべて

とし，$C_3$ を一つでも見つければ拒否し，一つも見つけられなければ受理するようにすれば，検査できる。

このアルゴリズムは $G$ が無三角ならば必ず受理するので，片側誤りである。

$\square$

---

このアルゴリズムは容易に一般の無 $H$ 性に拡張できる。

---

◎ **定理 7.8**     次数制限モデルにおいて，任意の連結グラフ $H$ に対し，グラフの無 $H$ 性は片側誤りで定数時間で検査可能である。

---

この証明は演習問題【**2**】とする。

### 7.3.3 無閉路性検査

グラフ $G$ が部分集合として閉路を含まないとき**無閉路**（cycle–free）である
という。グラフが無閉路であるとは，言い換えれば森（定義は **2.4.4 項** 参照）
であることである。したがって，$n$ 頂点グラフが無閉路であるならば辺の数は
$n-1$ 以下，すなわちグラフは疎であるので，**7.3.1 項**で説明したように隣接行
列モデルにおいては自明に検査できる。次数制限モデルにおいては非自明であ
るが，つぎに示すように検査可能である。

---

◎ **定理 7.9** （Goldreich & Ron, 97） 次数制限モデルにおいて，グラフ
の無閉路性は定数時間検査可能である。

---

**（1） アルゴリズムの方針** まず証明を示す前に，検査の方針を説明して
おく。

グラフ $G$ の頂点数を $n$，辺数を $m$，連結成分の個数を $k$ とする。無閉路と
は，$G$ が森の場合であるので

$$m = n - k$$

が成立している。一方，もし $G$ が無閉路から $\epsilon$ 遠隔ならば

$$m \geqq n - k + \epsilon dn$$

が成立している。

ここで，$m$ は定数クエリで高確率，低誤差で推定できる（後述）。したがっ
て，$m-n$ は推定できるので，その値が $-k$ ぐらいか，$-k+\epsilon dn$ ぐらいかで
判定できることになる。

ただしここで問題なのは，$k$ は未知数であり，しかも $k$ が大きいと $\epsilon dn$ の違
いが埋没してしまうことである。しかし，頂点 $v_i$ の属する連結成分 $C_i$ の位数
（$|C_i|$）が定数以下ならば，$v_i$ を起点とする深さ定数の幅優先探索で $C_i$ のすべ
ての情報を得ることができる。すなわち，定数 $t$ に対し

176    7. 定数時間アルゴリズム

$$|C_i| > t \text{ か } |C_i| \le t$$

かは判別できる。

さらに $|C_i| > t$ である連結成分の個数を $k'$ とおくと

$$k' \le \frac{n}{t}$$

でなければならない。つまり，$t$ をある程度大きくとっておくと，$k'$ は $\epsilon dn$ より十分小さくでき，$|C_i| > t$ である連結成分に限定すれば上の議論が使えるはずである。

（**2**）**辺数の推定法**　　つぎに上で述べた辺の数の推定法について述べる。頂点 $v \in V$ の次数を $\deg(v)$ とすると

$$m = \frac{1}{2} \sum_{v \in V} \deg(v)$$

なので，$\deg(v)$ の平均値 $\mathrm{Ex}[\deg(v)]$ が推定できれば $m$ も推定できる。

○ **補題 7.4**　　任意の $0 < \epsilon < 1$ と任意の $0 < p < 1$ に対し，整数 $s = s_{7.4}(\epsilon, p)$ が存在し，一様ランダムに選んだ $s$ 個の頂点の次数の平均値をとることで，$\mathrm{Ex}[\deg(v)]$ は $\epsilon$ 以内の誤差で確率 $1 - p$ 以上で推定できる。

〔証明〕　　一様ランダムに選んだ $s$ 個の次数 $d_1, \ldots, d_s$ の平均値を $\overline{d} = (d_1 + \cdots + d_s)/s$ とすると，$d_i \in \{0, \ldots, d\}$ なので，ヘーフディングの不等式（195 ページの定理 8.3）よりつぎの式を得る。

$$\Pr[|\overline{d} - \mathrm{Ex}[\overline{d_i}]| \ge \epsilon] \le 2 \exp\left(-\frac{2s^2\epsilon^2}{sd^2}\right) = 2 \exp\left(-\frac{2\epsilon^2 s}{d^2}\right)$$

この確率が $p$ 以下になればよいので

$$2 \exp\left(-\frac{2\epsilon^2 s}{d^2}\right) \le p$$

を解いて

$$s \ge \frac{d^2}{2\epsilon^2} \ln \frac{2}{p}$$

とすればよく，これは定数である。　　　　　　　　　　　　　　　　　　　　□

##### 7.3 次数制限モデル 177

（**3**） **アルゴリズムと証明**　　無閉路性検査アルゴリズムは以下のとおりである。

**procedre** CYCLEFREE$(G)$

**comment** $s, t, h$ はおのおの整数で，後ほど与える。

**begin**

1　一様ランダムに $s$ 個の頂点を選び $S = \{v_1, \ldots, v_s\}$ とする。

2　各 $v_i$ を始点として幅優先探索で頂点 $t$ 個まで探索する。

3　閉路が一つでも見つかれば「拒否」を出力して停止。

4　$v_i$ を含む連結成分（$C_i$ とする）の含む頂点数が $t$ よりも大きい場合（すなわち，$t$ ステップの探索で未探索の隣接点が残っている場合），$C_i$ を大きな連結成分と呼び，そうでない場合は小さな連結成分と呼ぶ。

5　$C_i$ が大きな連結成分となる $v_i$ の集合を $S' \subseteq S$ とし，$N' = |S'|$，$M' = (1/2) \displaystyle\sum_{v_i \in S'} d(v_i)$ とする。

$(M' - N')/s \geq h$ ならば「拒否」し，そうでなければ「受理」する。

**end.**

本アルゴリズムによって，無閉路性の検査ができることを証明する。

[証明]　**定理 7.9 の証明**　　$G$ における大きな連結成分に属する頂点の数を $n'$，辺の数を $m'$ とする。補題 7.4 より

$$s \geq \frac{cd^2}{\epsilon'^2} \tag{7.6}$$

とする（ただし $c$ は $(\ln 12)/2$ 以上の任意の定数）ことで，$M'/s$ と $N'/s$ は確率 $5/6$ 以上で，それぞれ $m'/n$ と $n'/n$ の絶対近似誤差 $\epsilon'$ 以下の近似値となる。ここで場合分けを行う。

**場合 1** $G$ が無閉路の場合：大きな連結成分の個数を $k'$ とすると

$$\frac{m' - n'}{n} = -\frac{k'}{n} < 0$$

なので

$$h \geq 2\epsilon' \tag{7.7}$$

178　　7. 定数時間アルゴリズム

となるように与えれば確率 2/3 以上で受理する。

**場合 2** $G$ が無閉路から $\epsilon$ 遠隔の場合：$G$ から閉路をなくすためには少なくとも $\epsilon dn$ 本の辺を削除しなければならない。これらを**余計な辺**と呼ぶことにする。

**場合 2.1** 余計な辺のうち，$\epsilon dn/2$ 本以上が小さな連結成分に含まれている場合：小さな連結成分の位数はたかだか $t$ なので，次数制限 $d$ より，一つの小さな連結成分を含むことができる辺の数は $td/2$ 以下。よって，余計な辺を含む連結成分は

$$\frac{\epsilon dn/2}{td/2} = \frac{\epsilon n}{t}$$

個以上存在する。したがって，一様ランダムに選んだ頂点が余計な辺を含む小さな連結成分に入っている確率は $\epsilon/t$ 以上であり，$s$ 個のサンプル頂点がすべて余計な辺を含む小さな連結成分に入っていない確率はたかだか

$$\left(1 - \frac{\epsilon}{t}\right)^s \leq \left(e^{-\epsilon/t}\right)^s = \left(e^{-1}\right)^{\epsilon s/t}$$

となる。以上から

$$\frac{\epsilon s}{t} \geq 2 \tag{7.8}$$

とすれば，この確率を 1/3 以下にできる。

**場合 2.2** 余計な辺のうち，$\epsilon dn/2$ 本以上が大きな連結成分に含まれている場合：大きな連結成分のみからなる $G$ の部分グラフを無閉路（森）にするためには，少なくとも $\epsilon dn/2$ 本の辺を削除する必要があることから

$$m' - n' \geq -k' + \frac{\epsilon dn}{2}$$

となり，ここに

$$k' \leq \frac{n}{t}$$

を考慮することで

$$m' - n' \geq -\frac{n}{t} + \frac{\epsilon dn}{2} = \left(\frac{\epsilon d}{2} - \frac{1}{t}\right)n$$

を得る。したがって

$$t \geq \frac{4}{\epsilon d} \tag{7.9}$$

となるようにとれば

$$\frac{m' - n'}{n} \geq \frac{\epsilon d}{4}$$

となる。確率 2/3 以上で

$$\left| \frac{M' - N'}{s} - \frac{m' - n'}{n} \right| \leq 2\epsilon'$$

であるので

$$2\epsilon' \geq \frac{\epsilon d}{8} \tag{7.10}$$

となるように $\epsilon'$ を決めれば，確率 2/3 以上で

$$\frac{M' - N'}{s} \geq \frac{\epsilon d}{8}$$

となる。よって

$$h \leq \frac{\epsilon d}{8} \tag{7.11}$$

であればよい。

以上の議論から，式 (7.6)〜(7.11) をすべて満たすように $s, t, h, \epsilon'$ を定めればよい。これは

$$s = \frac{256c}{\epsilon^2}, \qquad t = \frac{4}{\epsilon d}, \qquad h = \frac{\epsilon d}{8}, \qquad \epsilon' = \frac{\epsilon d}{16}$$

とすれば実現できる。 □

### 7.3.4 マイナー閉鎖な性質と超有限性と分割定理

隣接行列モデルの場合は，定理 7.6 に示したように，遺伝的な性質ならばすべて定数時間で検査できた[†]。次数制限モデルにおいて，これに対応するような性質がマイナー閉鎖（定義・用語については **8.4 節** 参照）である。

例えば，無閉路性は明らかにマイナー閉鎖（すなわち森のマイナーはやはり森）であり，定理 8.6 で示すところの，無閉路性の禁止マイナーは $C_3$ である。

次数制限モデルにおいては，つぎの定理が知られている。

---

† この結果はさらに拡張されている。

**180**    7. 定数時間アルゴリズム

◎ **定理 7.10** (Benjamini, et al.[9], Hassidim, et al.[20]) 　次数制限モデルにおいて，任意のマイナー閉鎖な性質は定数時間で検査可能である。

次数制限モデルにおける検査アルゴリズムの基本は **7.3.1 項**で示した手続き BDTEST の形をしている。これが効果的に作動するためには，定数サイズの局所的な部分に十分な情報があることが必要である。その一つとしてつぎに示す性質がある。

● **定義 7.7** 　実数 $0 < \epsilon < 1$ と整数 $t > 0$ に対し，$n$ 頂点グラフ $G = (V, E)$ からたかだか $\epsilon n$ 本の辺を削除することで，すべての連結成分の頂点数を $t$ 以下にできるとき，$G$ は $(\epsilon, t)$ **超有限** ($(\epsilon, t)$–hyperfinite) であるという。

　　関数 $\rho : \mathbf{R}^+ \to \mathbf{R}^+$ が存在し，$0 < \forall \epsilon < 1$ に対し $G$ が $(\epsilon, \rho(\epsilon))$ 超有限であるとき，$G$ は $\rho$ **超有限** ($\rho$–hyperfinite) であるという。グラフの集合 $\Gamma$ に対し，$\forall G \in \Gamma$ が $\rho$ 超有限であるとき，$\Gamma$ は $\rho$ 超有限であるという。

超有限なグラフは，「$\epsilon$ 近接の意味では局所的な情報がすべて」であるということができるので，BDTEST を適用するのにはなはだ都合のよい性質である。

○ **補題 7.5** 　任意の整数 $d > 0$，任意のマイナー閉鎖な性質 $P$ に対し，$d$ と $1/\epsilon$ に関する多項式関数 $\rho_d(\epsilon)$ が存在し，次数制限 $d$ をもち，$P$ を満たすグラフは $\rho_d$ 超有限である。

補題 7.5 を証明するためにつぎの概念を用いる。

● **定義 7.8** 　グラフ $G = (V, E)$ に対し，頂点部分集合 $A, B \subseteq V$ で，$A \cup B = V$ かつ $E(A - B, B - A) = \emptyset$ であるものをセパレーション

（separation）と呼び，その**位数**（order）を $|A \cap B|$ で定義する。

◎ **定理 7.11**　（**分割定理**（separator theorem），Alon, et al.[2]）　任意の
グラフ $H$（頂点数を $h$ とする），任意の無 $H$ マイナーなグラフ（頂点数
を $n$ とする）に対し，$G$ のセパレーション $(A, B)$ で，位数が $h^{3/2}n^{1/2}$
以下で，$\max\{|A - B|, |B - A|\} \leqq 2n/3$ であるものが存在する。

本定理の証明は省略する。なお，この定理は 1979 年に Lipton と Tarjan[30]
によって平面グラフに対し与えられた定理を一般のマイナー閉鎖な性質へと拡
張したものになっており，この元の定理を「分割定理」と呼ぶこともある。

〔証明〕　**補題 7.5 の証明**　$G$ を次数制限 $d$ をもち，性質 $P$ を満たす任意のグラフ
とする。$P$ はマイナー閉鎖な性質なので，定理 8.6 よりあるグラフ $H$ が存在し，$G$
は無 $H$ マイナーであり，当然，$G$ の任意の部分グラフも無 $H$ マイナーである。する
と定理 7.11 より，$G$ の任意の部分グラフにはセパレーションが存在する。

$G$ の頂点数を $n$ とする。$t > 0$ を任意の正整数とする。$G$ から頂点を削除するこ
とによって各連結成分のサイズを $t$ 以下にする。それは以下のアルゴリズムで実現で
きる。

まず削除する点集合を $D$ とし，初期値を空集合とする。そして，$G$ の連結成分でサ
イズが $t$ より大きいものが存在するかぎり，その連結成分のセパレーション $A, B$ を
求め，$D := D \cup (A \cap B)$ とし，$G$ から $A \cap B$ を削除する，という操作をすべての連
結成分のサイズが $t$ 以下になるまでつづければよい。

このアルゴリズムによって削除される頂点の集合 $D$ のサイズを見積もる。アルゴリ
ズムの過程で現れた任意の連結成分 $C$ を，そのサイズ（頂点数 $|C|$）で分類する。す
なわち，サイズが $(2/3)^{i+1}n < |C| \leqq (2/3)^i n$ である連結成分 $C$ の集合を $\Gamma_i$ とし，
これをレベル $i$ と呼ぶことにする。セパレーションを求めることでサイズが 2/3 以下に
なることから，各頂点は各 $\Gamma_i$ において，たかだか一つの連結成分にしか現れない。
したがって，任意の $i$ に対し

$$\sum_{C \in \Gamma_i} |C| \leqq n$$

である。

**182**　　　7. 定数時間アルゴリズム

サイズが $t$ 以下になるまで分割するので，レベルの最大値を $k$ とすると，$(2/3)^{k+1}n < t \leqq (2/3)^k n$ より $\log_{3/2}(n/t) - 1 < k \leqq \log_{3/2}(n/t)$ であるので

$$k = \left\lfloor \log_{3/2} \frac{n}{t} \right\rfloor$$

となる。

レベル $i \in \{0, 1, \ldots, k-1\}$ の連結成分が分割されるときに生じる $D$ を $D_i$ と表す。$|D_i|$ の要素の数を見積もる。まずレベル $i$ に属する連結成分のサイズは $(2/3)^i n$ 以下であることから，連結成分一つ当り生じる $D_i$ の要素はたかだか $c((2/3)^i n)^{1/2} = c(2/3)^{i/2} n^{1/2}$ 個である（ただし，$c$ は $H$ によって定まる定数であり，定理 7.11 より，$H$ の頂点数を $h$ とすると $c \leqq h^3$ である）。さらにレベル $i$ に属する連結成分のサイズは $(2/3)^{i+1}n$ 以上なので，レベル $i$ に属する連結成分数は $(3/2)^{i+1}$ 個以下である。したがって

$$|D_i| \leqq \left(\frac{3}{2}\right)^{i+1} \left(\frac{2}{3}\right)^{i/2} cn^{1/2} = \left(\frac{3}{2}\right)^{\frac{i}{2}+1} cn^{1/2}$$

となる。以上からつぎを得る。

$$\begin{aligned}
|D| &= \sum_{i=0}^{\lfloor \log_{3/2}(\frac{n}{t}) \rfloor - 1} |D_i| \leqq c \sum_{i=0}^{\lfloor \log_{3/2}(\frac{n}{t}) \rfloor - 1} \left(\frac{3}{2}\right)^{\frac{i}{2}+1} n^{1/2} \\
&= \left(3+\sqrt{6}\right) c \left(\left(\frac{3}{2}\right)^{\frac{1}{2}\lfloor \log_{3/2}(\frac{n}{t}) \rfloor} - 1\right) n^{1/2} \\
&= \left(3+\sqrt{6}\right) c \left(\sqrt{\frac{n}{t}} - 1\right) n^{1/2} \\
&\leqq 6c\frac{n}{\sqrt{t}}
\end{aligned}$$

グラフの頂点の次数は $d$ 以下であることから，$D$ を削除することで削除される辺の数はたかだか $d|D|$ 本である。したがって $t \geqq 49c^2 d^2/\epsilon^2$ とおくと

$$d|D| \leqq 7cd\frac{n}{\sqrt{t}} \leqq \epsilon n$$

となり，$D$ を削除することで削除される辺の数は $\epsilon n$ 以下である。

よって，このグラフは $49c^2 d^2/\epsilon^2$ 超有限である。　　　　□

## 7.3.5　分　割　神　託

**（1）　分割神託とはなにか**　　超有限性から得られる分割は，定数時間で得

## 7.3 次数制限モデル    183

ることができる。それを実現するのが以下に示す**分割神託**である。なお，この
アルゴリズムは乱択アルゴリズムであり，乱数列 $\pi = \langle \pi_1, \pi_2, \ldots \rangle$ を使用する。
この乱数列は 0 以上 1 以下の実数を一様ランダムに，前から順に一つ一つ，必
要に応じて出力していくものとする。

---

● **定義 7.9**　　グラフの集合 $\Gamma$ に対する $(\epsilon, t)$ **分割神託**（$(\epsilon, t)$–partitioning
oracle）$\mathcal{O}$ とは，任意のグラフ $G = (V, E)$ に対し，$G$ と乱数列 $\pi$ から
決まる $V$ の分割 $P = P_{G,\pi}$ が存在し，以下の条件をすべて満たすもの
である。なお，$P$ 内の集合のうち，$v$ が属するものを $P(v)$ で表す。

- $\forall v \in V$ を質問すると，$P(v)$ を答として返す。
- $\forall v \in V$ に対し，$P(v)$ は連結であり，$|P(v)| \leq t$ である。
- もし $G \in \Gamma$ である場合には，確率 9/10 以上で

$$|\{(v, w) \in E \mid P(v) \neq P(w)\}| \leq \epsilon |V|$$

  が成立する。

---

ここで注意すべきことは，分割 $P = P_{G,\pi}$ は $G$ と $\pi$ のみに依存しているとい
うこと，言い換えれば，$G$ と $\pi$ を固定すれば分割が確定しなければならず，$\mathcal{O}$
に与えられる質問の順番に影響されてはいけないということである。

**（2）　分割神託の存在**　　分割神託の存在は以下の定理によって保証される。

---

◎ **定理 7.12**　（Hassidim, et al.[20]）　任意の実数 $0 < p < 1$ と次数制限 $d$
をもつ $\rho$ 超有限なグラフの集合に対し，$(\epsilon d, \rho(O(\epsilon^3)))$ 分割神託 $\mathcal{O}$ で，
以下の条件を満たすものが存在する。$\mathcal{O}$ への質問回数を $q$ とすると，グ
ラフ $G$（の隣接頂点オラクル）への質問回数は，確率 $1 - p$ 以上で

$$\frac{q}{p} 2^{d^{O(\rho(\epsilon^3/54000))}}$$

以下である。

---

184    7. 定数時間アルゴリズム

本定理を証明するために，つぎの用語を定義しておく。

---

● **定義 7.10**    グラフ $G = (V, E)$ と頂点部分集合 $S \subseteq V$ に対し，片方の端点のみ $S$ に含まれている辺（すなわち $S$ から外に出ている辺）の数を $e_G(S)$ と表す。実数の対 $0 < \delta < 1$，$t \geqq 1$ および頂点 $v \in V$ に対し，$S \subseteq V$ が

$$v \in S \ \text{かつ} \ |S| \leqq t \ \text{かつ} \ e_G(S) \leqq \delta|S|$$

であるとき，$S$ は $v$ の $(\boldsymbol{\delta}, \boldsymbol{t})$ **孤立近傍** $((\delta, t)$–isolated neighbourhood) という。

---

○ **補題 7.6**    次数制限 $d$ をもつ $\rho$ 超有限な $n$ 頂点グラフ $G = (V, E)$ と実数 $0 < \forall\delta < 1$ に対し，サイズ $\delta n$ 以上の任意の頂点部分集合 $V' \subseteq V$ によって誘導される部分グラフを $G' = (V', E')$ とする。このとき，$V'$ から一様ランダムに選ばれた頂点 $v \in V'$ は，実数の対 $0 < \forall\epsilon < 1$，$\forall r \geqq 1$ に対し，$1 - \epsilon/r$ 以上の確率で $G'$ における $(\epsilon/r, \rho(\epsilon^2\delta/2r^2))$ 孤立近傍をもつ。

**証明**    $G$ の $\rho$ 超有限性から，任意の $0 < \epsilon'' < 1$ に対して，$G$ から $\epsilon''n$ 本を削除して，すべての連結成分のサイズを $\rho(\epsilon'')$ 以下にできる。ここで $|V'| = n'(\geqq \delta n)$，$\epsilon' = \epsilon''/\delta$ とおくと，$G'$ から $\epsilon''n \leqq \epsilon''n'/\delta = \epsilon'n'$ 本以下の辺を削除してすべての連結成分のサイズを $\rho(\epsilon'\delta)$ 以下にできる，と言い換えることができる。したがって $G'$ は $0 < \forall\epsilon' < 1$ に対し $(\epsilon', \rho(\epsilon'\delta))$ 超有限である。この $G'$ より削除する辺集合を $F \subseteq E'$ とすると，$|F| \leqq \epsilon'n'$ である。また，そのときに得られる連結成分への分割を $P$ とする。

ここで $\epsilon' = \epsilon^2/2r^2$ とおき，$V'$ より一様ランダムに選んだ頂点の属する $P$ の連結成分について，そこから外に出る辺の数の期待値を計算すると以下のようになる。

$$\mathrm{Ex}_{v \in V'}\left[\frac{e_G(P(v))}{|P(v)|}\right] = \sum_{S \in P} \frac{|S|}{|V'|} \cdot \frac{e_G(S)}{|S|} = \frac{2|F|}{|V'|} \leqq 2\epsilon' = \frac{\epsilon^2}{r^2}$$

したがってマルコフの不等式（**8.3節** 参照）より，$e_G(P(v))/|P(v)| > \epsilon/r$ となる確率は $\epsilon/r$ 以下である。また，$|P(v)| \le \rho(\epsilon'\delta) = \rho(\epsilon^2\delta/2r^2)$ であることを考慮すると，確率 $1 - \epsilon/r$ 以上で $P(v)$ は $(\epsilon/r, \rho(\epsilon^2\delta/2r^2))$ 孤立近傍となる。 $\qquad\square$

分割神託を実現するアルゴリズムを考える。分割神託は局所的に作動するアルゴリズムでなければならないが，まず全域的，すなわちグラフ全体のデータを利用して動作するアルゴリズムを考え，その後にそれを局所的に動作するものへ変形する。つぎに示すのが，全域的分割アルゴリズムである。

**procedre** GLOBALPARTITION($G$)

**begin**

1 $\quad(\pi_1, \pi_2, \ldots, \pi_n)$ を頂点の一様ランダムな順列とする。

2 $\quad G' := G;\ P := \emptyset$

3 $\quad$**for** $i = 1, \ldots, n$ **do**

4 $\quad\quad$**if** $\pi_i \in V[G']$ **then**

5 $\quad\quad\quad$**if** $G'$ において $\pi_i$ に $(\delta, t)$ 孤立近傍がある **then**

6 $\quad\quad\quad\quad$その $(\delta, t)$ 孤立近傍を $S$ とする。

7 $\quad\quad\quad$**else**

8 $\quad\quad\quad\quad S := \{\pi_i\}$

9 $\quad\quad\quad$**endif**

10 $\quad\quad\quad P := P \cup \{S\}$

11 $\quad\quad\quad G'$ から $S$ に属する頂点を取り除く。

12 $\quad\quad$**endif**

13 $\quad$**enddo**

**end.**

○ **補題 7.7** 次数制限 $d$ をもつ $\rho$ 超有限な $n$ 頂点グラフ $G = (V, E)$ に対し，$\delta = \epsilon/30$，$t = \rho(\delta^3/2 = \epsilon^3/54000)$ としてアルゴリズム GLOBAL-PARTITION を実行すると，得られる分割の各要素は $(\epsilon d, \rho(\epsilon^3/54000))$

**186**　　**7. 定数時間アルゴリズム**

孤立近傍である。

[証明]　　このアルゴリズムで各部分集合のサイズが $t$ 以下の分割が得られるのは明らか。したがって，削除される辺の本数が確率 $9/10$ 以上で $\epsilon dn$ 以下であることを示せばよい。

確率変数列 $X_1, \ldots, X_n$ を以下のように定義する。

アルゴリズムの途中において，それまで削除された頂点の数を $k$，そのときのグラフを $G' = (V', E')$ とする。ここで，$S \subseteq V'$（$|S| = s$ とする）が削除されたとすると

$$X_{k+1} = \cdots = X_{k+s} = \frac{e_{G'}(S)}{s}$$

とする。

このように定義すると，$\sum X_i$ が，このアルゴリズムで得られる分割における，異なる部分集合間の辺の総数に等しいことに注意しよう。

以下で $X_i$ の期待値 $\mathrm{Ex}[X_i]$ を見積もる。まず $i \leq n - \delta n$ の場合を考える。このとき，補題 7.6 で $r = 30$ とすれば，$X_i$ に対応する $S$ が $(\delta, t)$ 孤立近傍である確率は $1 - \delta$ 以上であり，その場合には $X_i \leq \delta$ である。そうでない確率は $\delta$ 以下で，その場合には $X_i \leq d$ である。したがって $i \leq n - \delta n$ の場合は

$$\mathrm{Ex}[X_i] \leq (1 - \delta)\delta + \delta d < (1 + d)\delta \leq 2\delta d$$

となる。したがって全体の期待値を求めると，つねに $X_i \leq d$ であることを考慮して

$$\mathrm{Ex}[X_i] \leq (1 - \delta) \cdot 2\delta d + \delta d \leq 3\delta d$$

を得る。

よってマルコフの不等式（**8.3 節** 参照）より，確率 $9/10$ 以上で $X_i \leq 30\delta d$ となる。$\mathrm{Ex}[X_i]$ が，分割のために削除される辺の総数の期待値なので，$\delta = \epsilon/30$ とすれば，$(\epsilon d, \rho(\epsilon^3/54000))$ 孤立近傍への分割となる。　　　　□

[証明]　**定理 7.12 の証明**　　補題 7.7 より，アルゴリズム GLOBALPARTITION によって，$(\epsilon d, \rho(\epsilon^3/54000))$ 孤立近傍への分割が得られる。残る問題は，これを定数時間で局所的に実行（シミュレート）することである。

任意の $v \in V$ に対して，$P(v)$ を局所的に計算できればよいが，重要なのは

$P(v)$ を問い合わせる順番と関係なく $P(v)$ が決まらなくてはいけない，

ということである。言い換えれば，$v$ をすべての頂点の最初に問い合わせても，最後に問い合わせても $P(v)$ は同じでなければならない。ただし，GLOBALPARTITION 内で用いたランダム順列 $(\pi_1, \pi_2, \ldots, \pi_n)$ には依存する（これは頂点に問い合わせる順番とは無関係である）。

頂点 $v$ に問い合わせる順番を決める確率変数を $p(v)$ とする。具体的には $0 < p(v) < 1$ のランダムな実数で，「$p(u) < p(v)$ ならば $u$ を $v$ より先に問い合わせる」ものとする。

そして

$P(v)$ を求めたい $v$ に対し，$v$ の近傍の頂点 $u$ の $p(*)$ の値と比較し，

$p(u) < p(v)$ である $u$ の $P(u)$ を先に決める，

という再帰的アルゴリズムとして表現できる。なお，過去に $p(w)$ を与えた頂点 $w \in V$ はリストで記憶しておき，そのリストにない場合は一様ランダムに $p(*)$ を与えるようにすれば，アルゴリズムを通じて矛盾は生じない。

ここで $t = \rho(\epsilon^3/54000))$ とおく。任意の $v \in V$ に対し，$|P(v)| \leq t$ であることから，$P(v)$ に含まれる頂点は $v$ からたかだか距離 $t$ の点である。また，$u \in V$ を $v$ からたかだか距離 $t$ の任意の点とすると，$u \in P(w)$ となりうる $w \in V$ は $u$ からたかだか距離 $t$ の点である。したがって，$P(v)$ を計算する際に，$v$ からたかだか距離 $2t$ の頂点 $w$ に関して，$p(v) < p(w)$ であるか否かを調べればよい（ただし，再帰を繰り返すことで，どんどん遠くなる可能性はある）。距離 $2t$ までの頂点を表現するために，距離 $2t$ 以下の頂点間に辺を付与したグラフ $G^* = (V, E^*)$ を作成する（あくまで局所的に）。$G^*$ における最大次数は $D = d^{2t}$ である。

ここで，頂点一つ当りのこの再帰の数の期待値を $r$ とすると $r = 2^{O(D)}$ である（証明は文献 32) を参照）。各頂点での $G$ の隣接リストオラクルへの質問回数は $G^* = (V, E^*)$ を作成するのに必要な $d^{O(t)}$ 時間であるので，この分割神託への $q$ 回の質問による $G$ の隣接リストオラクルへの質問回数の期待値は

$$qrd^{O(t)} \tag{7.12}$$

である。

ここで，$\lg r = O(D) = O(d^{2t})$ であるので，ある実数 $c$ が存在し，十分大きな $t$ に対して $\lg r \leq cd^{2t}$ が成立する。したがって十分大きな $t$ に対して

$$\lg r \leq cd^{2t} = d^{2t + \log_d c}$$

$\log_d c$ は定数なので，$\lg r = d^{O(t)}$，すなわち $r = 2^{d^{O(t)}}$ となる。これを式 (7.12) に代入すると $q$ 回の質問による $G$ の隣接リストオラクルへの質問回数の期待値は

$$q 2^{d^{O(t)}} d^{O(t)} = q 2^{d^{O(t)}} = q 2^{d^{O(\rho(\epsilon^3/54000)))}}$$

## 188　　7. 定数時間アルゴリズム

となる。したがってマルコフの不等式（**8.3項** 参照）より，題意を得る。　　□

**（3）　その後の話題**　　定理 7.12 の Hassidim ら[20]の与えたアルゴリズムは孤立近傍を総当りで調べるアルゴリズムになっているので，その計算時間はパラメータの何重にもなっている指数であり，理論的にはたいへん興味深いが，パラメータ次第では実用的とはいい難い。これに対し，R. Levi と D. Ron によって2013 年に提案された分割神託[28],[29]は質問計算量の期待値が $(d/\epsilon)^{O(\log(1/\epsilon))}$であり，実用性も十分あると思われ，今後は応用面でも期待がもたれる。

### 7.3.6　無 *H* マイナーなグラフの検査アルゴリズム

以上を踏まえて，無 *H* マイナーなグラフの検査アルゴリズムを与え，つづいて証明を記する。

**procedre** MinorFreeTest($G$)

**begin**

1　　一様ランダムに $t_1$ 個の頂点を選び $S_1 := \{v_1, \ldots, v_{t_1}\}$ とする。

2　　各 $v_i$ に対し一様ランダムに整数 $1 \leq j_i \leq d$ を選ぶ。

3　　$S' := \{v_i \in S_1 \mid v_i$ に接続する $j_i$ 番目の辺 $(v_i, u)$ が存在し， $u \notin P(v_i)\}$

4　　**if** $|S'|/t_1 \geq 3\epsilon/8$ **then** 「拒否」を出力 **stop**;

5　　一様ランダムに $t_2 = c_2/\epsilon$ 個選び，その集合を $S_2$ とする

　　　（ただし $c_2$ は十分大きい整数で，詳しくは後述する）。

6　　**if** $\bigcup\limits_{v \in S_2} P(v)$ で誘導される部分グラフが無 *H* マイナー

　　　**then** 「受理」を出力 **stop**;

7　　「拒否」を出力

**end.**

[証明]　**定理 7.10 の証明**　　次数制限 $d$ をもつ無 *H* マイナーなグラフの集合に対する $(\epsilon d/4, t)$ 分割神託を $\mathcal{O}$ とする。ただし $t$ は定理 7.12 によって決まる整数で，補題 7.5 より $t = \text{poly}(d, 1/\epsilon)$ である。

$H$ は連結であると仮定する。連結でない場合は，$H$ の連結成分の数が，証明内の定

数部分へのみ影響するので，ここでは無視する。

手続き MinorFreeTest が定数時間で動作するのは明らかであるので，以降は，これによって正しく検査できることを示す。この手続きで得られる分割 $P$ に対し

$$E_P = \{(u,v) \in E \mid P(u) \neq P(v)\}$$

とする。176 ページの辺数の推定法と同じ議論により，十分大きい整数 $c_1$ に対し $t_1 = c_1/\epsilon^2$ とすることで，$|E_p|$ を確率 9/10 以上で誤差 $\pm \epsilon dn/8$ 以内で見積もることができる。

$G$ が無 $H$ マイナーならば，$(\epsilon d/4, t)$ 分割神託を用いていることから，確率 9/10 以上で $|E_P| \leq \epsilon dn/4$ なので，確率 4/5 以上で $|E_P| \leq \epsilon dn/8$，すなわちアルゴリズムの 4 行目で $|S'|/t_1 < 3\epsilon/8$ と判定し，拒否されない。それ以降では，$H$ マイナーを発見しないと拒否しないので，結局アルゴリズムを通して確率 4/5 以上で受理する。

よって残る問題は，$G$ が無 $H$ マイナーから $\epsilon$ 遠隔であるときに，確率 2/3 以上で拒否することを示すことである。

もし $|E_P| \geq \epsilon dn/2$ ならば，アルゴリズムの 4 行目で確率 9/10 以上で拒否されるので，問題ない。したがって，$|E_P| < \epsilon dn/2$ の場合を考える。

$G$ から $E_P$ の辺をすべて削除したグラフ $G' = (V, E')$ を考える（すなわち，$G'$ は分割神託で得られる分割である）。$G$ が無 $H$ マイナーから $\epsilon$ 遠隔であり，$|E - E'| < \epsilon dn/2$ なので，$G'$ は無 $H$ マイナーから $\epsilon/2$ 遠隔である。よって $G'$ の少なくとも $\epsilon dn/2$ 本の辺は $H$ マイナーを含む連結成分に含まれる。次数上限 $d$ を考慮すると，$G'$ の少なくとも $\epsilon n/2$ 個の頂点は $H$ マイナーを含む連結成分に含まれる。

よって，十分大きい整数 $c_2$ に対し $t_2 = c_2/\epsilon$ とすることで，一様ランダムに $t_2$ 個選んだ頂点集合 $S_2$ は，確率 9/10 以上で少なくとも一つは $H$ マイナーを含む連結成分に含まれる。よって，確率 4/5 以上で拒否される。

以上から，アルゴリズムが正しく動作することが示された。 □

# 演 習 問 題

**【1】** 本文内では無三角性の検査などについて考察しているが，逆に三角が「ある」という性質の検査はどうなるか考えよ。すなわち，グラフ $G = (V, E)$ が長さ 3 の閉路 $C_3$ を含んでいるとき，$G$ は含三角であると呼ぶことにし，含三角性に対する定数時間検査アルゴリズムを与えよ。モデルは隣接行列モデルとする。

**【2】** 定理 7.8 を証明せよ。

190        7. 定数時間アルゴリズム

【3】 次数が 0 の頂点を孤立頂点と呼び，グラフが孤立頂点を含まないというとき，
無孤立頂点であると呼ぶことにする。次数制限グラフにおいて無孤立頂点性の
定数時間検査アルゴリズムを設計せよ。

# プログラム演習

【1】 頂点数 $n$ と次数制限 $d$ と辺数 $m$（ただし $m \leqq nd/2$）を入力とし，これらの
条件を満たす次数制限グラフをランダムに生成するアルゴリズムを作成せよ。

【2】 176 ページで与えた辺数の推定法のアルゴリズムをプログラムし，プログラム
演習【1】で作成した次数制限ランダムグラフに $0 < \epsilon < 1$ を変化させて与え，
辺数がどの程度正しく推定されているかを調べよ。また計算時間も確かめよ。

# 8 数学用語の解説

## 8.1 基本用語

すべての正の整数† からなる集合を $N$, すべての整数からなる集合を $Z$, すべての実数からなる集合を $R$ と表す。正整数 $n$ に対し, $n$ 以下の正の整数すべてからなる集合を $N_n$ と表す。すべての正の実数からなる集合を $R^+$ と表す。二つの実数 $a, b \in R$ に対し, $a$ 以上かつ $b$ 以下である実数の集合を $[a, b]$, $a$ より大きくかつ $b$ より小さい実数の集合を $(a, b)$ と表す。すなわち

$$[a, b] := \{r \in R \mid a \leqq r \leqq b\}, \quad (a, b) := \{r \in R \mid a < r < b\}$$

である。前者を**閉区間**, 後者を**開区間**と呼ぶ。

サイズ $n$ の配列 $A$ を $A[n]$ と表現する。同様に $A$ がサイズ $n \times m$ の 2 次元配列であるとき, $A[n, m]$, 一般にサイズ $n_1, \ldots, n_k$ の $k$ 次元配列であるとき $A[n_1, \ldots, n_k]$ と表現する。配列 $A[n]$ の $i$ 番目の要素を $A(i)$ と表す。同様に $A[n_1, \ldots, n_k]$ の第 $(i_1, \ldots, i_k)$ 要素を $A(i_1, \ldots, i_k)$ と表す。

全体集合 $U$ とその任意の部分集合 $A \subseteq U$ に対し, つぎで定義する関数 $X_A : U \to \{0, 1\}$ を $A$ の**特性関数** (characteristic function) と呼ぶ。

$$X_A(a) = \begin{cases} 1, & a \in A \text{ のとき} \\ 0, & a \notin A \text{ のとき} \end{cases}$$

---

† 「自然数」という用語は 0 を含む場合と含まない場合の 2 通りあって, 定義が定まらないので, 本書では使用しない。

192      8. 数 学 用 語 の 解 説

　任意の集合 $A$ に対し，$A$ の部分集合のすべてを要素とする集合（部分集合族）を $A$ の**冪**（べき）**集合**（power set）といい，$2^A$ で表す。例えば $A = \{a, b, c\}$ ならば

$$2^A = \{\emptyset, \{a\}, \{b\}, \{c\}, \{a, b\}, \{a, c\}, \{b, c\}, \{a, b, c\}\}$$

である。$|A| = n$ とすると，$|2^A| = 2^n$ である（演習問題【1】参照）。

　集合 $A$ に対し，$A$ の要素を 1 列に並べるときの異なる並べ方のことを $A$ の**順列**（permutation）と呼ぶ。例えば $A = \{a, b, c\}$ ならばその順列は

$$abc, acb, bac, bca, cab, cba$$

の 6 通りである。$|A| = n$ とすると，$A$ の順列の総数は $n! = n(n-1)\cdots 1$ である（演習問題【2】参照）。

　$n \geq k \geq 0$ である非負整数の対 $\langle n, k \rangle$ に対し，**二項係数**（binomial coefficient）を以下のように定義する

$$\binom{n}{k} = \frac{n!}{(n-k)!k!}$$

これは，$n$ 要素からなる集合 $A$ から，異なる $k$ 個の要素を選び出す組合せの数に等しい。例えば $A = \{a, b, c, d, e\}$ から 2 個選ぶ組合せは

$$\{a, b\}, \{a, c\}, \{a, d\}, \{a, e\}, \{b, c\}, \{b, d\}, \{b, e\}, \{c, d\}, \{c, e\}, \{d, e\}$$

の 10 通りであり，これは

$$\binom{5}{2} = \frac{5!}{(5-2)!2!} = \frac{5 \cdot 4}{2} = 10$$

に一致する（演習問題【3】参照）。

　関数 $(1+x)^n$ を展開すると

$$(1+x)^n = \sum_{k=0}^{n} \binom{n}{k} x^k$$

となることが知られている。二項係数という名前はこのことに由来している。

二つの集合 $A, B$ に対し

$$A \times B = \{\langle a, b \rangle \mid a \in A, b \in B\}$$

を $A$ と $B$ の **直積**（direct product）または**デカルト積**（Cartesian product）と呼ぶ。

指数関数 $e^x$ は $\exp(x)$ と表記することもある。対数関数は底が 2 である場合には底を省略して記すこともある。すなわち $\log x$ は $\log_2 x$ の意味である。また $\log_2 x$ を $\lg x$, $\log_e x$ を $\ln x$ と表記することもある。

## 8.2　対応・関係・関数・順序

集合 $A$ と集合 $B$ に対し，$A \times B$ の部分集合 $R \subseteq A \times B$ を $A$ から $B$ への**対応**（correspondence）といい，$R : A \to B$ のように表記する。$\langle a, b \rangle \in R$ であることを $aRb$ と表すこともある。対応 $R : A \to B$ の**逆対応**（reverse correspondence）を $R^{-1} : B \to A$ を $R^{-1} = \{\langle b, a \rangle \mid \langle a, b \rangle \in R\}$ と定義する。

対応 $R : A \to B$ が任意の $a \in A$ に対し，$\langle a, b \rangle \in R$ となる $b \in B$ が唯一存在するとき，$R$ は $A$ から $B$ への**関数**（function），または**写像**（mapping）という。関数は小文字の $f, g$ などで表記することが多く，関数 $f : A \to B$ と $\forall x \in A$ に対し，$\langle x, y \rangle \in f$ となる $y \in B$（定義より唯一存在）を $f(x)$ で表す。関数 $f : A \to B$ が任意の $x, y \in A$ に対して「$f(x) = f(y)$ ならば $x = y$」が成立するとき**単射**（injection）といい，任意の $y \in B$ に対して $f(x) = y$ となる $x \in A$ が必ず存在するとき**全射**（surjection）といい，全射かつ単射であるとき**全単射**（bijection），あるいは**一対一対応**（one–to–one correspondence）という。

集合 $A$ について，$A$ から $A$ への対応のことを**二項関係**（binary relation）または簡単に**関係**（relation）という。有限集合上の全単射関係が前出の順列である。

194    8. 数 学 用 語 の 解 説

実数の大小関係や，単語間の辞書式順序などの抽象化概念としてつぎに定義する「順序」がある。

$A$ を集合とし，$\preceq$ を $A$ 上の二項関係とする。$\preceq$ が以下の 3 条件を満たすとき，**順序**（order）または**半順序**（partial order）と呼ぶ。

1. **反射律**（reflexivity）：任意の $x \in A$ に対し $x \preceq x$ が成り立つ。

2. **推移律**（transitivity）：任意の $x, y, z \in A$ に対し，「$x \preceq y$ かつ $y \preceq z$」ならば $x \preceq z$ が成り立つ。

3. **反対称律** (anti–symmetry)：任意の $x, y \in A$ に対し，「$x \preceq y$ かつ $y \preceq x$」ならば $x = y$ が成り立つ。

上に加えて下記の条件を満たすとき，**全順序**（total order）または**線形順序**（linear order）と呼ぶ。

4. **比較可能性**（comparativity）：任意の $x, y \in A$ に対し，$x \preceq y$ または $y \preceq x$ が成り立つ。

集合 $A$ の要素間に順序 $\preceq$ が定義されているとき，$(A, \preceq)$ を（$\preceq$ が明らかな場合には単に $A$ を）**順序付き集合**（ordered set）という。

## 8.3 基 本 公 式

つぎの式は簡単な形をしていてその証明も容易であるが，確率を解析する際にたいへん有用なものであるので，記憶しておくとよい[†]。

---

◎ **定理 8.1**　任意の実数 $x$ に対して $1 + x \leq e^x$ が成り立つ。

---

証明は演習問題【4】参照。

---

◎ **定理 8.2**（マルコフの不等式（Markov's inequality））　確率変数 $X \geq 0$

---

[†]　例えば本書では定理 7.1 や定理 7.2，定理 7.7 の証明などで用いる。

の期待値を $\mathrm{Ex}[X]$ と表す。事象 $A$ が起きる確率を $\mathrm{Pr}[A]$ と表記する。$a \geqq 1$ を任意の実数とするとき，つぎの式が成立する。

$$\mathrm{Pr}[X \geqq a\mathrm{Ex}[X]] \leqq \frac{1}{a} \tag{8.1}$$

証明は演習問題【5】参照。

マルコフの不等式は確率を大雑把に抑えたいときに便利である。これよりもさらに精密な評価を与えるものが**ヘーフディングの不等式**（Hoeffding's inequality）である。これはサンプル平均と期待値との誤差が大きくなるに従ってその確率は指数的に小さくなることを表している[†]。

◎ **定理 8.3**（ヘーフディングの不等式, 1963）$X_1, \ldots, X_n$ を $\forall i \in \{1, \ldots, n\}$ に対し $\mathrm{Pr}[X_i \in [a_i, b_i]] = 1$ である独立な確率変数とする。$X_1, \ldots, X_n$ のサンプル平均を

$$\overline{X} = \frac{1}{n}(X_1 + \cdots + X_n)$$

とすると，任意の $t > 0$ に対しつぎの不等式が成立する（ただし $\mathrm{Ex}[\overline{X}]$ は $\overline{X}$ の期待値）。

$$\mathrm{Pr}[\overline{X} - \mathrm{Ex}[\overline{X}] \geqq t] \leqq \exp\left(-\frac{2n^2t^2}{\displaystyle\sum_{i=1}^{n}(b_i - a_i)^2}\right)$$

$$\mathrm{Pr}[|\overline{X} - \mathrm{Ex}[\overline{X}]| \geqq t] \leqq 2\exp\left(-\frac{2n^2t^2}{\displaystyle\sum_{i=1}^{n}(b_i - a_i)^2}\right)$$

---

[†] 類似のものに**チェルノフ限界**（Chernoff bound）がある。

196    8. 数 学 用 語 の 解 説

この定理はサンプル平均の値 $\overline{X}$ を評価したが，合計値についても類似の結果がつぎに示す系のように得られる。これは定理 8.3 から容易に導くことができる。

---

● **系 8.1**    $X_1, \ldots, X_n$ を定理 8.3 と同様に定める。$S = X_1 + \cdots + X_n$ とすると，任意の $t > 0$ に対しつぎの不等式が成立する。

$$\Pr[S - \mathrm{Ex}[S] \geq t] \leq \exp\left(-\frac{2t^2}{\displaystyle\sum_{i=1}^{n}(b_i - a_i)^2}\right)$$

$$\Pr[|S - \mathrm{Ex}[S]| \geq t] \leq 2\exp\left(-\frac{2t^2}{\displaystyle\sum_{i=1}^{n}(b_i - a_i)^2}\right)$$

---

## 8.4 グラフマイナー

### 8.4.1 クラトウスキーの定理

平面グラフに関する非常に重要な**クラトウスキーの定理**（Kuratowski's theorem）を紹介しておく。

小さい非平面グラフとして 5 頂点の完全グラフ $K_5$ と $3 + 3$ 頂点よりなる完全二部グラフ $K_{3,3}$ がある（**図 8.1** 参照）。これらが平面に書けないことはほぼ自明であるが，定理 6.7 を用いれば明確に証明できる。

**命題 8.1**  $K_5$ と $K_{3,3}$ は平面グラフでない。

(証明)    $K_5$ については $n = 5$，$m = 10$ なので定理 6.7 (2) を満たさない。$K_{3,3}$ については $n = 6$，$m = 9$，$\ell = 4$ より，(1) を満たさない。    □

命題 8.1 は $K_5$ と $K_{3,3}$ が平面グラフでないことを主張しているが，実は

## 8.4 グラフマイナー

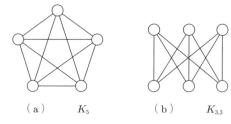

(a) $K_5$  (b) $K_{3,3}$

図 8.1 代表的な非平面グラフ

**平面グラフは本質的にこの二つしかない**
ということがクラトウスキーによって示された。その定理を示すために用語を定義しておく。

辺 $(u,v)$ を，そのグラフに存在しない新しい頂点 $w$ を片側の端点とする二つの辺 $(u,w)$, $(w,v)$ で置き換えることを，辺 $(u,v)$ の**細分**と呼ぶ（図 8.2 ( a ) 参照）。グラフ $G$ に対し，その辺の細分を 0 回以上繰り返してできたグラフを $G'$ とすると，$G'$ を $G$ の細分と呼ぶ（図 ( b ) 参照）。グラフ $G$ がグラフ $G'$ の細分を部分グラフとして含んでいるとき，$G'$ は $G$ の**位相的マイナー**（topological minor）であるという。

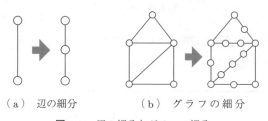

(a) 辺の細分　　(b) グラフの細分

図 8.2 辺の細分とグラフの細分

◎ **定理 8.4**　（クラトウスキーの定理[26]）　グラフ $G$ が平面グラフである必要十分条件は，$K_5$ と $K_{3,3}$ のどちらも $G$ の位相的マイナーでないことである。

本定理の証明は省略する†。

### 8.4.2 グラフマイナー定理

位相的マイナーの拡張概念としてマイナーがある。グラフ $G = (V, E)$ の辺 $(u, v) \in E$ の縮約（contract）とは，辺 $(u, v)$ を新しい頂点 $w_{(u,v)}$ で置き換えること，すなわち，辺 $(u, v)$ および $u$ か $v$ に接続する辺をすべて削除し，頂点 $w_{(u,v)}$ を追加し，さらに $u$ または $v$ と隣接していた頂点 $x \in V$ に対し辺 $(w_{(u,v)}, x)$ を追加することを意味する（図 8.3 参照）。グラフ $G$ のある部分グラフに辺の縮約何回か（0 回でもよい）適用して $H$ が得られるとき，$H$ は $G$ のマイナー（minor）であるという。グラフ $H$ がグラフ $G$ のマイナーでないとき，グラフ $G$ は無 $H$ マイナー（$H$–minor–free）であるという。

図 8.3 縮約の例

クラトウスキーの定理（定理 8.4）は「位相的マイナー」を「マイナー」に置き換えても成立することがわかっている。

◎ **定理 8.5**（ワグナーの定理） グラフ $G$ が平面グラフである必要十分条件は，$G$ が無 $K_5$ マイナーかつ無 $K_{3,3}$ マイナーであることである。

グラフの「性質」を **7.1.3 項**で定義したように，同型性について閉じているグラフの部分集合としてここでも定める。グラフの性質 $P$ がつぎの条件を満たしているとき，**マイナー閉鎖**（minor closed）であるという。

---

† 日本語の書籍としては文献 66）または文献 14）の邦訳に証明が載っている。特に後者はこれから説明するグラフマイナー理論の代表的な教科書である。

**条件**：任意の $G \in P$ に対し，$G$ の任意のマイナー $G'$ はつねに $G' \in P$ である。

例えば平面グラフのマイナーはやはり平面グラフなので，「平面性」はマイナー閉鎖な性質である。

つぎの定理がロバートソン（R. Robertson）とシーモア（P.D. Seymour）によって提示された名高い**グラフマイナー定理**で，これは定理 8.5 を大幅に拡張したものとなっている[14]。

---

◎ **定理 8.6** （グラフマイナー定理） 任意のマイナー閉鎖な性質 $P$ に対し，グラフの有限集合 $\mathcal{H}_P$ が存在し，「$G \in P$ である必要十分条件はどの $H \in \mathcal{H}_P$ に対しても $G$ は無 $H$ マイナーであること」が成立する。

---

本定理で示された，$\mathcal{H}_P$ に属するグラフを $P$ に対する**禁止マイナー**（forbidden minor）と呼ぶ。

モノトーンな性質に関して，類似の性質が成立することを補題 7.3 で見た。しかしモノトーンな性質の場合には，対応する $\mathcal{H}_P$ が無限集合になってしまう場合もあったが，**マイナー閉鎖の場合には必ず有限集合にできる**ことが大きな違いである。これによって，以下に示すように，任意のマイナー閉鎖な性質に対して判定が多項式時間でできるのである。

まず，任意の固定されたグラフ $H$ に対し，与えられたグラフが $H$ をマイナーとしてもつか否かの判定が，多項式時間でできることがわかっている。

---

◎ **定理 8.7** 任意の固定されたグラフ $H$ に対し，与えられた任意のグラフ $G$ が $H$ をマイナーとしてもつか否かの判定は $O(n^3)$ 時間（ただし $n$ は $G$ の頂点数）でできる。

---

定理 8.6 と定理 8.7 を合わせることで，つぎの定理を得る。

200    8. 数学用語の解説

◎ **定理 8.8**    任意のマイナー閉鎖な性質 $P$ に対し，与えられた任意のグラフが性質 $P$ を満たすか否かの判定は $O(n^3)$ 時間（ただし $n$ は $G$ の頂点数）でできる．

[証明]    定理 8.6 より，「$G \in P$ であるか否か」の判定は「定数個の禁止マイナーのおのおののグラフ $H \in \mathcal{H}_P$ について $G$ が $H$ をマイナーとしてもつか否か」を判定することで行える．それは定理 8.7 で示した $O(n^3)$ 時間のアルゴリズムを禁止マイナーの数（定数）だけ繰り返せばよいので，全体として $O(n^3)$ 時間である．                    □

定理 8.8 は，性質 $P$ がマイナー閉鎖であれば必ず $O(n^3)$ 時間の判定アルゴリズムが存在することを保証する，という万能な定理である．つまり，性質がマイナー閉鎖ならば，そのことを示すのは比較的容易であることが多く，そしてマイナー閉鎖であることが証明されれば，特別なアルゴリズムを開発することなく，その性質の判定に関して $O(n^3)$ 時間のアルゴリズムが存在することが定理 8.8 によって証明される[†]．

## 8.5    正 則 性 補 題

### 8.5.1    正則性補題とはなにか

**正則性補題**（the regularity lemma）とは Szemerédi によって証明されたグラフの分割に関する定理である．グラフアルゴリズムに対し多くの重要な応用があるが[27]，特に重要なものの一つにグラフの定数時間アルゴリズムに関するものがあり，具体的には本書の **7.2 節**で解説している補題 7.1 の証明である．

まず用語と記号を定義しておく．グラフは単純グラフに限定する．グラフ $G = (V, E)$ の頂点部分集合の対 $A, B \subseteq V$ に対して，$AB$ 間の辺の本数を

$$e(A, B) := |E(A, B)|$$

---

[†] ただし，これは存在定理であって，そのアルゴリズムを得たい場合には，実際に禁止マイナー集合 $\mathcal{H}_P$ を求めることになる．

で表す。$(A, B)$ の**密度**（density）を

$$d(A, B) := \frac{e(A, B)}{|A||B|}$$

とする。$0 < \epsilon < 1$ に対し，$(A, B)$ が **$\epsilon$ 正則**（$\epsilon$–regular）であるとは，$|X| \geq \epsilon|A|$，$|Y| \geq \epsilon|B|$ である任意の $X \subseteq A$，$Y \subseteq B$ に対し

$$|d(A, B) - d(X, Y)| \leq \epsilon$$

であることをいう。

> 注：任意の $\epsilon$ に対し，十分大きなランダム二部グラフ $(A, B; E)$ は
> ほとんどつねに $\epsilon$ 正則である。逆に，$(A, B)$ が $\epsilon$ 正則であるなら
> ば，$A$ と $B$ の間の辺はランダムであるのとほとんど同じであると
> 見ることもできる。

集合 $V$ の分割 $P = \{V_0, V_1, \ldots, V_k\}$ が（$V_0$ を例外として）**均等分割**（equipartition）であるとは，$V_0$ 以外の大きさが等しい，すなわち $|V_1| = \cdots = |V_k|$ であることである。

グラフ $G = (V, E)$ に対し，分割 $P = \{V_0, V_1, \ldots, V_k\}$ が下記の条件すべてを満たすとき，**$\epsilon$ 正則**（$\epsilon$–regular）であるという。

1. （$V_0$ を例外とした）均等分割である。
2. $|V_0| \leq \epsilon|V|$
3. $V_0$ 以外の $V_i \in P$ に関して，すべての対 $(V_i, V_j)$ $(1 \leq i < j \leq k)$ が $\epsilon k^2$ 組の例外を除いて，$\epsilon$ 正則である。

ここで，正則性補題を述べる準備が整った。

---

◎ **定理 8.9** （**正則性補題**[38]） 任意の $\epsilon > 0$ と任意の整数 $t$ に対し，整数 $T = T_{8.9}(\epsilon, t)$ が存在し，以下の条件を満たす。

> 条件：頂点数 $T$ 以上の任意のグラフ $G = (V, E)$ に対し，あ
> る整数 $k$ （ただし $t \leq k \leq T$）が存在し，$V$ の $\epsilon$ 正則な分割

202    8. 数 学 用 語 の 解 説

$\{V_0, V_1, \ldots, V_k\}$ が存在する。

**正則性補題の直感的意味：**

- 定数サイズ（たかだか $T$）の $\epsilon$ 分割 $\{V_0, V_1, \ldots, V_k\}$ をもつということは，$G$ は頂点数 $k$ の完全グラフ $K_k$ で，各辺の重みを $w(e_{ij}) = d(V_i, V_j)$ としたものでその性質を近似できる，ということを意味している。

- どんな大きなグラフも近似誤差 $\epsilon$ で決まる定数値 $T$ 以下のサイズの近似モデルが存在する，というこの結果は驚異的である。

### 8.5.2　正則性補題の証明*

## 演 習 問 題

【1】 要素数 $n$ の集合の $A$ に対し，$2^A = 2^n$ となることを示せ。

【2】 要素数 $n$ の集合の順列の総数が $n!$ となることを示せ。

【3】 要素数 $n$ の集合から異なる $k$ 個の要素を選び出す組合せの数が二項係数

$$\binom{n}{k} = \frac{n!}{(n-k)!k!}$$

となることを証明せよ。

【4】 定理 8.1 を証明せよ。

【5】 定理 8.2（マルコフの不等式）を証明せよ。

# 引用・参考文献

1 ) N. Alon, E. Fischer, I. Newman and A. Shapira：A Combinatorial Characterization of the Testable Graph Properties: It's All About Regularity, Proc. the 38th ACM Symposium on Theory of Computing (STOC 2006), pp.251–260 (2006)

2 ) N. Alon, P.D. Seymour and R. Thomas：A separator theorem for nonplanar graphs, J. Amer. Math. Soc., **3**, 4, pp.801–808 (1990)

3 ) N. Alon and A. Shapira：A characterization of the (natural) graph properties testable with one–sided error, SIAM J. Comput., **37**, 6, pp.1703–1727 (2008) (A preliminary version appeared in FOCS 05)

4 ) N. Alon and J.H. Spencer：The Probabilistic Method (4th ed.), Wiley (2016)

5 ) K. Appel and W. Haken：Every planar map is four colorable, I. Discharging, Illinois J. of Math., **21**, 3, pp.429–489 (1977)

6 ) K. Appel, W. Haken and J. Koch：Every planar map is four colorable, II. Reducibility, Illinois J. of Math., **21**, 3, pp.490–567 (1977)

7 ) K. Appel and W. Haken：Every planar map is four colorable, Contemp. Math., **98**, pp.1–741 (1989)

8 ) M. Behzad, G. Chartrand and L. Lesniak–Foster：Graph & digraphs, Prindle, Weber & Schmidt (1979) （邦訳：M. ベザット，G. チャートランド，L. レスニャック・ホスター 著，秋山 仁，西関隆夫 訳：グラフとダイグラフの理論，共立出版 (1981)）

9 ) I. Benjamini, O. Schramm and A. Shapira：Every minor–closed property of sparse graphs is testable, Proc. STOC 2008, pp.393–402 (2008)

10) B. Bollobas：Extremal graph theory, Academic Press (1978)

11) R.L. Brooks：On coloring the nodes of a network, Proc. Cambridge Philos. Soc., **37**, pp.194–197 (1941)

12) N. Chiba, T. Nishizeki and N. Sato：A linear 5–coloring algorithm of planar graphs, Journal of Algorithms, **2**, pp.317–327 (1981)

13) E.D. Demaine, D. Harmon, J. Iacono and M. Pătraşcu：Dynamic optimality

— Almost, SIAM J. Comput., **37**, 1, pp.240–251 (2008) (A preliminary version appeared in FOCS 04)

14) R Diestel：Graph theory (5th ed.), Springer (2016) （邦訳：R. ディーステル著，根上生也，大田克弘 訳：グラフ理論，シュプリンガー・フェアラーク東京 (2000)）

15) H.N. Gabow and R.E. Tarjan：A linear–time algorithm for a special case of disjoint set union, J. of Computer and System Sciences, **30**, pp.209–221 (1985)

16) M.R. Garey and D. Johnson：Computers and Intractability: A Guide to the Theory of NP–Completeness, W. H. Freeman and Company, San Francisco (1979)

17) O. Goldreich ed.：Property testing — current research and serveys, LNCS, # 6390, Springer (2010)

18) O. Goldreich and D. Ron：Property testing in bounded degree graphs, Algorithmica, **32**, pp.302–343 (2002)

19) F. Harary：Graph theory, Addison–Wesley Publishing Co. (1969) （邦訳：フランク・ハラリイ 著，池田貞雄 訳：グラフ理論，共立出版 (1971)）

20) A. Hassidim, J.A. Kelner, H.N. Nguyen and K. Onak：Local graph partitions for approximation and testing, Proc. the 50th Annual IEEE Symposium on Foundations of Computer Science (FOCS 2009), pp.22–31 (2009)

21) W. Hoeffding：Probability inequalities for sums of bounded random variables, J. Amer. Statistical Assoc. **58**, 301, pp.13–30 (1963)

22) H. Ito：Every property is testable on a natural class of scale–free multigraphs, Proc. the 24th European Symposium of Algorithms (ESA 2016), LIPICS, **57** (ISBN: 978–3–95977–015–6), pp.51:1–51:12 (2016)

23) H. Ito, S. Kiyoshima and Y. Yoshida：Constant–time approximation algorithms for the knapsack problem, Proc. the 9th Annual Conference on Theory and Applications of Models of Computation (TAMC 2012), LNCS, # 7287, pp.131–142 (2012)

24) H. Ito, S. Tanigawa and Y. Yoshida：Constant–time algorithms for sparsity matroids, Proc. the 39th International Colloquium on Automata, Language and Programming (ICALP 2012) (1), LNCS, # 7391, Springer, pp.498–509 (2012)

25) K. Kawarabayashi and B. Reed：A separator theorem in minor–closed classes,

Proc. the 51st Annual IEEE Symposium on Foundations of Computer Science (FOCS 2010), pp.153–162 (2010)

26) K. Kuratowski : Sur le problème des courbes gauches en topologie, Fund. Math., **15**, pp.271–283 (1930)

27) J. Komlós, A. Shokoufandeh, M. Simonovits and E. Szemerédi : The regularity lemma and Its applications in graph theory, in *G.B. Khosrovshahi et al. Eds.: Theoretical Aspects of Computer Science*, LNCS 2292, pp.84–112 (2002), Springer–Verlag, Berlin Heidelberg (2002)

28) R. Levi and D. Ron : A quasi–polynomial time partition oracle for graphs with and excluded minor, Proc. the 40th International Colloquium on Automata, Language and Programming (ICALP 2013) (1), LNCS, # 7965, Springer, pp.709–720 (2013)

29) R. Levi and D. Ron : A quasi–polynomial time partition oracle for graphs with and excluded minor, ACM Transactions on Algorithms, **11**, 3, article 24, pp.1–13 (2015)

30) R.J. Lipton and R.E. Tarjan : A separator theorem for planar graphs, SIAM J. App. Math., **36**, pp.177–189 (1979)

31) M. Mitzenmacher and E. Upfal : Probability and Computing — Randomized Algorithms and Probabilistic Analysis, Cambridge University Press (2009) (邦訳：M. Mitzenmacher, E. Upfal 著，小柴健史，河内亮周 訳，確率と計算 — 乱択アルゴリズムと確率的解析，共立出版 (2009))

32) H.N. Nguyen and K. Onak : Constant–time approximation algorithms via local improvements, Proc. the 49th Annual IEEE Symposium on Foundations of Computer Science (FOCS 2008), pp.327–336 (2008)

33) K. Onak, D. Ron, M. Rosen and R. Rubinfeld : A near–optimal sublinear-time algorithm for approximating the minimum vertex cover size, Proc. the 23rd Annual ACM–SIAM Symposium on Discrete Algorithms (SODA 2012), pp.1123–1131 (2012)

34) R. Pagh and F.F. Rodler : Cuckoo Hashing, Proc. the 9th European Symposium of Algorithms (ESA 2001), LNCS, # 2161, Springer, pp.121–133 (2001)

35) R. Pagh and F.F. Rodler : Cuckoo Hashing, Journal of Algorithms, **51**, 2, pp.122–144 (2004)

36) A. Siegel : On universal classes of fast high performance hash functions, their

time–space tradeoff, and their applications, Proc. the 30th Annual Symposium on Foundations of Computer Science (FOCS 1989), pp.20–25 (1989)

37) D.D. Sleator and R.E. Tarjan：Self-adjusting binary search trees, Journal of ACM, **32**, 3, pp.652–686 (1985)

38) E. Szemerédi：Regular partitions of graphs, in *Problèms Combinatoires et Théorie des Graphes (Colloq. Internat. CNRS, Univ. Orsay, Orsey, 1976)*, **260** of Colloq. Internat. CNRS, pp.399–401, CNRS, Paris (1978), N-260

39) R.E. Tarjan：Data structures and network algorithms, SIAM (1983)（邦訳：岩野和生 訳：データ構造とネットワークアルゴリズム，マグロウヒル (1989)）

40) R.E. Tarjan：Efficiency of a good but not linear set union algorithms, J. of the Association for Computing Machinery, **22**, 2, pp.215–225 (1975)

41) C. Wulff-Nilsen：Separator theorems for minor–free and shallow minor–free graphs with applications, Proc. the 52nd Annual IEEE Symposium on Foundations of Computer Science (FOCS 2011), pp.37–46 (2011)

42) Y. Yoshida, M. Yamamoto and H. Ito：An improved constant–time approximation algorithm for maximum matchings, Proc. the 41st ACM Symposium on Theory of Computing (STOC 2009), pp.225–234 (2009)

43) 浅野孝夫：情報の構造 上 — データ構造とグラフアルゴリズム，日本評論社 (1994)

44) 浅野孝夫：情報の構造 下 — ネットワークアルゴリズムとデータ構造，日本評論社 (1994)

45) 浅野哲夫：アルゴリズム・サイエンス：入口からの超入門，アルゴリズム・サイエンスシリーズ—超入門編，共立出版 (2006)

46) 伊藤大雄：パズル・ゲームで楽しむ数学 — 娯楽数学の世界，森北出版 (2010)

47) 伊藤大雄：サブリニアタイムアルゴリズムの基礎技術，第 24 回 RAMP シンポジウム論文集，RAMP シンポジウム，日本オペレーションズリサーチ学会 常設研究部会 数理計画 発行，pp.107–117 (2012)

48) 伊藤大雄：ビッグデータの高速処理に向けた超高速アルゴリズムと計算量理論，（嶋田茂 他（36 名共著）：ビッグデータ・マネジメント— データサイエンティストのためのデータ利活用技術と事例，NTS，2014 の第 1 編・第 1 章・第 1 節）(2014)

49) 伊藤大雄，宇野裕之 編著：離散数学のすすめ，現代数学社 (2010)

50) 茨木俊秀：C によるアルゴリズムとデータ構造，オーム社 (2014)

51) 茨木俊秀, 永持仁, 石井利昌：グラフ理論 — 連結構造とその応用, 朝倉書店 (2010)

52) 岩田茂樹：NP 完全問題入門，共立出版 (1995)

## 引用・参考文献　　207

53) 岩間一雄：アルゴリズム・サイエンス：出口からの超入門，アルゴリズム・サイエンスシリーズ—超入門編，共立出版 (2006)

54) A.V. エイホ，J.E. ホップクロフト，J.D. ウルマン 著，野崎昭弘，野下浩平 訳：アルゴリズムの設計と解析 I，サイエンス社 (1977)

55) 荻原光徳：複雑さの階層，アルゴリズム・サイエンス シリーズ，6，共立出版 (2006)

56) 加藤直樹：数理計画法，コンピュータサイエンス教科書シリーズ，19，コロナ社 (2008)

57) 小林孝次郎：計算論，コンピュータサイエンス教科書シリーズ，16，コロナ社 (2008)

58) 滝根哲哉，伊藤大雄，西尾章治郎：ネットワーク設計理論，岩波講座「インターネット」，5，岩波書店 (2001)

59) 玉木久夫：乱択アルゴリズム，アルゴリズム・サイエンスシリーズ—数理技法編，共立出版 (2008)

60) 徳山　豪：オンラインアルゴリズムとストリームアルゴリズム，アルゴリズム・サイエンスシリーズ—数理技法編，共立出版 (2007)

61) 西野哲朗：P=NP?問題へのアプローチ，日本評論社 (2009)

62) 一松　信：四色問題—その誕生から解決まで，Blue Backs，B351，講談社 (1977)

63) 平田富夫：アルゴリズム設計とデータ構造，サイエンス社 (2015)

64) 宮崎修一：グラフ理論入門 — 基本とアルゴリズム，森北出版 (2015)

65) 吉田悠一：性質検査 — 定数時間で性質を検査する，数学セミナー，**21**，12，pp.34–38 (2013)

66) C.L. リウ 著，伊理正雄，伊理由美 訳：組合せ数学入門 II，共立全書，542 (1972)

67) ロビン・ウィルソン 著，茂木健一郎 訳，四色問題：新潮社 (2004)

# 索　　引

## 【あ】

| | |
|---|---|
| アーク | 31 |
| 頭 | 31 |
| 後入れ先出し | 24 |
| 跡取り | 114 |
| アルゴリズム | 3 |

## 【い】

| | |
|---|---|
| 位数 | 181 |
| 位相的マイナー | 197 |
| 一始点問題 | 132 |
| 一対一対応 | 193 |
| 一対問題 | 131 |
| 遺伝的 | 172 |
| 入木 | 35 |
| 入次数 | 32 |
| インターリーブ限界 | 116 |

## 【え】

| | |
|---|---|
| 枝 | 30 |

## 【お】

| | |
|---|---|
| 尾 | 31 |
| オイラーの多面体公式 | 151 |
| オーダー表記 | 5 |
| オフラインアルゴリズム | 108 |
| 重み | 55 |
| 親 | 27 |
| オンラインアルゴリズム | 108 |

## 【か】

| | |
|---|---|
| 開区間 | 191 |
| 回転 | 94 |
| 外部ハッシュ法 | 70 |

| | |
|---|---|
| 格納列 | 74 |
| 片側誤り | 165 |
| カッコウハッシュ法 | 70, 72 |
| カット | 32 |
| 合併 | 101 |
| 関係 | 193 |
| 関数 | 193 |
| 完全 $k$ 部グラフ | 36 |
| 完全グラフ | 35 |

## 【き】

| | |
|---|---|
| 木 | 34 |
| 基数ソート | 53 |
| 逆対応 | 193 |
| キュー | 25 |
| 競合比 | 108 |
| 強連結 | 33 |
| 極大森 | 34 |
| 禁止マイナー | 199 |
| 均等分割 | 201 |

## 【く】

| | |
|---|---|
| クイックソート | 48 |
| クラスカルのアルゴリズム | 125 |
| クラトウスキーの定理 | 196, 197 |
| グラフ彩色問題 | 153 |
| グラフマイナー定理 | 199 |

## 【け】

| | |
|---|---|
| 計算機モデル | 4 |
| 計算複雑さ | 10 |
| 計算量 | 10 |
| 決定問題 | 14 |

| | |
|---|---|
| 検査アルゴリズム | 165 |
| 検査可能 | 165 |

## 【こ】

| | |
|---|---|
| 子 | 27 |

## 【さ】

| | |
|---|---|
| 最悪計算量 | 10 |
| 最小木問題 | 124 |
| 彩色 | 154 |
| 彩色関数 | 154 |
| 彩色問題 | 154 |
| 最短路 | 131 |
| 最短路木 | 135 |
| 最短路部分木 | 136 |
| 最短路問題 | 131 |
| 最適性の原理 | 136 |
| 細分 | 197 |
| 先入れ先出し | 25 |

## 【し】

| | |
|---|---|
| 時間計算量 | 10 |
| 自己ループ | 31 |
| 辞書 | 69 |
| 次数 | 31 |
| 次数制限モデル | 164 |
| 子孫 | 27 |
| 質問計算量 | 163 |
| 写像 | 193 |
| 充足可能性問題 | 12 |
| 縮約 | 198 |
| 順序 | 194 |
| 順序付き集合 | 194 |
| 順列 | 192 |
| 初等的 | 33 |

索　　　　引　　209

## 【す】

| | |
|---|---|
| 推移律 | 194 |
| スタック | 24 |
| スプレー木 | 109 |
| スマートオーダー | 9 |

## 【せ】

| | |
|---|---|
| 性　質 | 161 |
| 正則性補題 | 166, 200, 201 |
| 整　列 | 42 |
| 整列問題 | 42 |
| 接続する | 30 |
| 節　点 | 30 |
| セパレーション | 180 |
| 全域木 | 34 |
| 全域部分グラフ | 32 |
| 全域森 | 34 |
| 線形順序 | 194 |
| 全　射 | 193 |
| 全順序 | 194 |
| 染色数 | 156 |
| 全単射 | 193 |
| 全対問題 | 132 |

## 【そ】

| | |
|---|---|
| 疎 | 163 |
| 双方向リスト | 23 |
| 疎グラフモデル | 164 |
| 祖　先 | 27 |

## 【た】

| | |
|---|---|
| 対　応 | 193 |
| ダイクストラ法 | 137 |
| 高　さ | 27 |
| 多項式時間帰着可能 | 15 |
| 多重グラフ | 31 |
| タンゴ木 | 114 |
| 探　索 | 38 |
| 単　射 | 193 |
| 単　純 | 33, 75 |
| 単純グラフ | 31 |
| 単純3分割問題 | 19 |

| | |
|---|---|
| 単純ナップザック問題 | 16 |
| 端　点 | 30, 33 |

## 【ち】

| | |
|---|---|
| チェルノフ限界 | 195 |
| 嫡　流 | 117 |
| 頂　点 | 30 |
| 直　積 | 193 |

## 【て】

| | |
|---|---|
| 定数時間アルゴリズム | 158 |
| デカルト積 | 193 |
| 出　木 | 34 |
| 出次数 | 32 |

## 【と】

| | |
|---|---|
| 同　型 | 160 |
| 動的最適性予想 | 109 |
| 特性関数 | 68, 191 |
| 貪欲算法 | 125 |

## 【な】

| | |
|---|---|
| 内部ハッシュ法 | 70, 71 |
| 長　さ | 33, 131 |

## 【に】

| | |
|---|---|
| 二項関係 | 193 |
| 二項係数 | 192 |
| 二色木 | 95 |
| 二部グラフ | 35 |
| 二分探索 | 86 |
| 二分探索木 | 87 |

## 【ね】

| | |
|---|---|
| 根 | 34, 35 |
| 根付き木 | 35 |
| ネットワーク | 124 |

## 【は】

| | |
|---|---|
| 葉 | 27, 34, 35 |
| 配　列 | 20 |
| バケットソート | 51 |
| ハッシュ関数 | 69 |

| | |
|---|---|
| 幅優先探索 | 39 |
| バブルソート | 43 |
| 反射律 | 194 |
| 半順序 | 194 |
| 反対称律 | 194 |
| 判定問題 | 159 |

## 【ひ】

| | |
|---|---|
| ヒープ | 54 |
| ヒープ条件 | 56 |
| ヒープソート | 54 |
| 比較可能性 | 194 |
| ビッグオー表記 | 5 |

## 【ふ】

| | |
|---|---|
| 部 | 35 |
| フィボナッチヒープ | 144 |
| 深　さ | 27 |
| 深さ優先探索 | 39 |
| 部分グラフ | 32 |
| プリムのアルゴリズム | 125 |
| ブルックスの定理 | 157 |
| フロイド・ワーシャル法 | 144 |
| 分　割 | 101 |
| 分割神託 | 183 |
| 分割定理 | 181 |
| 分割問題 | 4 |

## 【へ】

| | |
|---|---|
| 平均計算量 | 10 |
| 閉区間 | 191 |
| 平衡二分探索木 | 95 |
| 平面グラフ | 149 |
| 平面的グラフ | 150 |
| 並列辺 | 31 |
| 閉　路 | 33, 75 |
| ヘーフディングの不等式 | 195 |
| べき集合 | 192 |
| 冪集合 | 192 |
| 辺 | 30 |
| 辺オラクル | 164 |

## 【ほ】

| | |
|---|---|
| ポリログ | 9 |

## 【ま】

| | |
|---|---|
| マージソート | 45 |
| マイナー | 198 |
| マイナー閉鎖 | 198 |
| 待ち行列 | 25 |
| マルコフの不等式 | 194 |

## 【み】

| | |
|---|---|
| 路 | 33 |
| ——の圧縮 | 82 |
| 密 | 163 |
| 密グラフモデル | 163 |
| 密 度 | 201 |

## 【む】

| | |
|---|---|
| 無 $H$ | 169 |
| 無 $\mathcal{H}$ | 170 |
| 無 $H$ 性 | 169 |
| 無 $H$ マイナー | 198 |
| 無向グラフ | 31 |
| 無三角 | 165 |

| | |
|---|---|
| 無閉路 | 175 |

## 【め】

| | |
|---|---|
| 面 | 150 |

## 【も】

| | |
|---|---|
| モノトーン | 170 |
| 森 | 33 |
| 問 題 | 4 |
| 問題例 | 4 |

## 【ゆ】

| | |
|---|---|
| 有向木 | 35 |
| 有向グラフ | 31 |
| 有向辺 | 31 |
| 有向無閉路グラフ | 35 |
| 誘導部分グラフ | 32 |
| ユニオンツリー | 84 |
| ユニオン・ファインドアルゴリズム | 82 |

## 【よ】

| | |
|---|---|
| 余計な辺 | 178 |

## 【ら】

| | |
|---|---|
| ランク | 101 |
| 乱択アルゴリズム | 10 |
| ランダムアクセスマシン | 4 |

## 【り】

| | |
|---|---|
| リスト | 22 |
| リハッシュ | 72 |
| 領域量 | 10 |
| 隣接行列 | 36 |
| 隣接行列オラクル | 164 |
| 隣接行列モデル | 163 |
| 隣接する | 30 |
| 隣接頂点オラクル | 164 |
| 隣接リスト | 37 |

## 【れ】

| | |
|---|---|
| 劣線形時間アルゴリズム | 159 |
| 連 結 | 33 |
| 連結成分 | 33 |
| 連結リスト | 22 |

## 【わ】

| | |
|---|---|
| ワグナーの定理 | 198 |

◇ ◇

## 【B】

| | |
|---|---|
| BFS | 39 |

## 【C】

| | |
|---|---|
| $(c, k)$ 普遍 | 75 |

## 【D】

| | |
|---|---|
| DAG | 35 |
| Delete | 55 |
| DeleteMin | 55 |
| $(\delta, t)$ 孤立近傍 | 184 |
| DFS | 39 |

## 【E】

| | |
|---|---|
| $(\epsilon, t)$ 超有限 | 180 |
| $(\epsilon, t)$ 分割神託 | 183 |
| $\epsilon$ 遠隔 | 162 |
| $\epsilon$ 近接 | 162 |
| $\epsilon$ 正則 | 201 |

## 【F】

| | |
|---|---|
| FIFO | 25 |

## 【I】

| | |
|---|---|
| Insert | 55 |

## 【K】

| | |
|---|---|
| $k$ 擬似ヒープ | 63 |
| $k$ 彩色 | 154 |
| $k$ 彩色問題 | 154 |
| $k$ 部グラフ | 35 |
| $k$ 分木 | 28 |

## 【L】

| | |
|---|---|
| LIFO | 24 |

## 【N】

| | |
|---|---|
| $n \times m$ 配列 | 20 |
| NP | 12 |
| NP 完全 | 11, 15, 18 |

| | | | | | | |
|---|---|---|---|---|---|
| NP 困難 | 18 | $\rho$ 超有限 | 180 | $v_0$–$v_p$ 路 | 33 |
| $n$ 頂点グラフ | 160 | | | $v$–$r$ 路 | 27 |
| | | | | $v$ を根とする部分木 | 28 |

**【P】**

| | | | | | |
|---|---|---|---|---|
| | | SAT | 12 | **【Z】** |
| P | 11 | $s$–$t$ 最短路 | 131 | |

**【R】**

| | | | | | |
|---|---|---|---|---|
| | | **【V】** | | zig–zag 型 | 110 |
| | | | | zig–zig 型 | 110 |
| RAM | 4 | $v_0$–$v_p$ 間の路 | 33 | zig 型 | 109 |

**【S】**

―― 著者略歴 ――

| | |
|---|---|
| 1985年 | 京都大学工学部数理工学科卒業 |
| 1987年 | 京都大学大学院修士課程修了（数理工学専攻） |
| 1987年 | 日本電信電話株式会社基礎研究所 |
| 1990年 | 日本電信電話株式会社通信網総合研究所 |
| 1995年 | 博士（工学）（京都大学） |
| 1996年 | 豊橋技術科学大学講師 |
| 2001年 | 京都大学助教授 |
| 2007年 | 京都大学准教授 |
| 2012年 | 電気通信大学教授 |
| | 現在に至る |

## データ構造とアルゴリズム
Data Structures and Algorithms　　　　　　　　Ⓒ Hiroo Itoh 2017

2017 年 9 月 28 日　初版第 1 刷発行

| | | |
|---|---|---|
| 検印省略 | 著　者 | 伊　藤　大　雄 |
| | 発行者 | 株式会社　コロナ社 |
| | | 代表者　牛来真也 |
| | 印刷所 | 三美印刷株式会社 |
| | 製本所 | 有限会社　愛千製本所 |

112-0011　東京都文京区千石 4-46-10
発行所　株式会社　コロナ社
CORONA PUBLISHING CO., LTD.
Tokyo Japan
振替 00140-8-14844・電話(03)3941-3131(代)
ホームページ　http://www.coronasha.co.jp

ISBN 978-4-339-02702-0　C3355　Printed in Japan　　　　　（金）

〈出版者著作権管理機構 委託出版物〉
本書の無断複製は著作権法上での例外を除き禁じられています。複製される場合は、そのつど事前に、出版者著作権管理機構（電話 03-3513-6969、FAX 03-3513-6979、e-mail: info@jcopy.or.jp）の許諾を得てください。

本書のコピー、スキャン、デジタル化等の無断複製・転載は著作権法上での例外を除き禁じられています。購入者以外の第三者による本書の電子データ化及び電子書籍化は、いかなる場合も認めていません。
落丁・乱丁はお取替えいたします。

# 自然言語処理シリーズ

(各巻A5判)

■監 修　奥村　学

| 配本順 | | 著者 | 頁 | 本体 |
|---|---|---|---|---|
| 1.（2回） | 言語処理のための **機械学習入門** | 高村 大也著 | 224 | **2800円** |
| 2.（1回） | **質問応答システム** | 磯崎・東 中共著<br>永田・加藤 | 254 | **3200円** |
| 3. | **情報抽出** | 関根　聡著 | | |
| 4.（4回） | **機械翻訳** | 渡辺・今村<br>賀沢・Graham共著<br>中澤 | 328 | **4200円** |
| 5.（3回） | **特許情報処理：言語処理的アプローチ** | 藤井・谷川<br>岩山・難波共著<br>山本・内山 | 240 | **3000円** |
| 6. | **Web 言語処理** | 奥村　学著 | | |
| 7.（5回） | **対話システム** | 中野・駒谷<br>船越・中野共著 | 296 | **3700円** |
| 8.（6回） | **トピックモデルによる<br>統計的潜在意味解析** | 佐藤 一誠著 | 272 | **3500円** |
| 9.（8回） | **構文解析** | 鶴岡 慶雅<br>宮尾 祐介共著 | 186 | **2400円** |
| 10.（7回） | **文脈解析**<br>―述語項構造・照応・談話構造の解析― | 笹野 遼平<br>飯田 龍共著 | 196 | **2500円** |
| 11. | **語学学習支援のための言語処理** | 永田　亮著 | 近刊 | |
| 12.（9回） | **医療言語処理** | 荒牧 英治著 | 182 | **2400円** |
| 13. | 言語処理のための **深層学習入門** | 渡邉・渡辺<br>進藤・吉野共著<br>小田 | | |

定価は本体価格＋税です。
定価は変更されることがありますのでご了承下さい。

‖‖‖‖‖‖‖‖‖‖‖‖‖‖‖‖‖‖‖‖ 図書目録進呈◆

# 情報ネットワーク科学シリーズ

(各巻A5判)

コロナ社創立90周年記念出版 〔創立1927年〕

■電子情報通信学会 監修
■編集委員長 村田正幸
■編集委員 会田雅樹・成瀬 誠・長谷川幹雄

本シリーズは，従来の情報ネットワーク分野における学術基盤では取り扱うことが困難な諸問題，すなわち，大量で多様な端末の収容，ネットワークの大規模化・多様化・複雑化・モバイル化・仮想化，省エネルギーに代表される環境調和性能を含めた物理世界とネットワーク世界の調和，安全性・信頼性の確保などの問題を克服し，今後の情報ネットワークのますますの発展を支えるための学術基盤としての「情報ネットワーク科学」の体系化を目指すものである．

## シリーズ構成

| 配本順 | | 著者 | 頁 | 本体 |
|---|---|---|---|---|
| 1.(1回) | **情報ネットワーク科学入門** | 村田正幸 成瀬 誠 編著 | 230 | **3000円** |
| 2.(4回) | **情報ネットワークの数理と最適化**<br>―性能や信頼性を高めるためのデータ構造とアルゴリズム― | 巳波弘佳 井上 武 共著 | 200 | **2600円** |
| 3.(2回) | **情報ネットワークの分散制御と階層構造** | 会田雅樹著 | 230 | **3000円** |
| 4.(5回) | **ネットワーク・カオス**<br>―非線形ダイナミクス，複雑系と情報ネットワーク― | 中尾裕也 長谷川幹雄 共著 合原一幸 | 近 刊 | |
| 5.(3回) | **生命のしくみに学ぶ<br>情報ネットワーク設計・制御** | 若宮直紀 荒川伸一 共著 | 166 | **2200円** |

定価は本体価格+税です。
定価は変更されることがありますのでご了承下さい。

図書目録進呈◆

# メディア学大系

(各巻A5判)

■第一期 監　　修　相川清明・飯田　仁
■第一期 編集委員　稲葉竹俊・榎本美香・太田高志・大山昌彦・近藤邦雄
　　　　　　　　　榊　俊吾・進藤美希・寺澤卓也・三上浩司（五十音順）

| 配本順 | | 著者 | 頁 | 本体 |
|---|---|---|---|---|
| 1.（1回） | メディア学入門 | 飯田　仁<br>近藤邦雄<br>稲葉竹俊 共著 | 204 | 2600円 |
| 2.（8回） | CGとゲームの技術 | 三上浩司<br>渡辺大地 共著 | 208 | 2600円 |
| 3.（5回） | コンテンツクリエーション | 近藤邦雄<br>三上浩司 共著 | 200 | 2500円 |
| 4.（4回） | マルチモーダルインタラクション | 榎本美香<br>飯田　仁<br>相川清明 共著 | 254 | 3000円 |
| 5. | 人とコンピュータの関わり | 太田高志著 | 近刊 | |
| 6.（7回） | 教育メディア | 稲葉竹俊<br>松永信介<br>飯沼瑞穂 共著 | 192 | 2400円 |
| 7.（2回） | コミュニティメディア | 進藤美希著 | 208 | 2400円 |
| 8.（6回） | ICTビジネス | 榊　俊吾著 | 208 | 2600円 |
| 9.（9回） | ミュージックメディア | 大山昌彦<br>伊藤謙一郎<br>吉岡英樹 共著 | 240 | 3000円 |
| 10.（3回） | メディアICT | 寺澤卓也<br>藤澤公也 共著 | 232 | 2600円 |

■第二期 監　　修　相川清明・近藤邦雄
■第二期 編集委員　柿本正憲・菊池　司・佐々木和郎（五十音順）

| | | 著者 | 頁 | 本体 |
|---|---|---|---|---|
| 11. | 自然現象のシミュレーションと可視化 | 菊池　司<br>竹島由里子 共著 | | |
| 12. | CG数理の基礎 | 柿本正憲著 | | |
| 13.（10回） | 音声音響インタフェース実践 | 相川清明<br>大淵康成 共著 | 224 | 2900円 |
| 14. | 映像メディアの制作技術 | 佐々木和郎<br>上林憲行<br>羽田久一 共著 | | |
| 15.（11回） | 視聴覚メディア | 近藤邦雄<br>相川清明<br>竹島由里子 共著 | 224 | 2800円 |

定価は本体価格+税です。
定価は変更されることがありますのでご了承下さい。

‖‖‖‖‖‖‖‖‖‖‖‖‖‖‖‖‖‖‖‖‖‖‖‖‖‖　図書目録進呈◆

# コンピュータサイエンス教科書シリーズ

(各巻A5判)

■編集委員長　曽和将容
■編集委員　岩田　彰・富田悦次

| 配本順 | | | 頁 | 本体 |
|---|---|---|---|---|
| 1.（8回） | 情報リテラシー | 立花 康夫<br>曽和 将容 共著<br>春日 秀雄 | 234 | 2800円 |
| 2.（15回） | データ構造とアルゴリズム | 伊藤 大雄 著 | 228 | 2800円 |
| 4.（7回） | プログラミング言語論 | 大口 通夫<br>山下 弘 共著<br>五味 | 238 | 2900円 |
| 5.（14回） | 論理回路 | 曽和 将容<br>範 公司 共著 | 174 | 2500円 |
| 6.（1回） | コンピュータアーキテクチャ | 曽和 将容 著 | 232 | 2800円 |
| 7.（9回） | オペレーティングシステム | 大澤 範高 著 | 240 | 2900円 |
| 8.（3回） | コンパイラ | 中田 育男 監修<br>中井 央 著 | 206 | 2500円 |
| 10.（13回） | インターネット | 加藤 聰彦 著 | 240 | 3000円 |
| 11.（4回） | ディジタル通信 | 岩波 保則 著 | 232 | 2800円 |
| 12. | 人工知能原理 | 加納 政芳<br>山田 雅之 共著<br>遠藤 守 | 近刊 | |
| 13.（10回） | ディジタルシグナル<br>プロセッシング | 岩田 彰 編著 | 190 | 2500円 |
| 15.（2回） | 離散数学<br>―CD-ROM付― | 牛島 和夫 編著<br>相利 民一 共著<br>朝廣 雄一 | 224 | 3000円 |
| 16.（5回） | 計算論 | 小林 孝次郎 著 | 214 | 2600円 |
| 18.（11回） | 数理論理学 | 古川 康一<br>向井 国昭 共著 | 234 | 2800円 |
| 19.（6回） | 数理計画法 | 加藤 直樹 著 | 232 | 2800円 |
| 20.（12回） | 数値計算 | 加古 孝 著 | 188 | 2400円 |

## 以下続刊

| 3. | 形式言語とオートマトン | 町田 元 著 | 9. | ヒューマンコンピュータ<br>インタラクション | 田野 俊一<br>高野健太郎 共著 |
|---|---|---|---|---|---|
| 14. | 情報代数と符号理論 | 山口 和彦 著 | 17. | 確率論と情報理論 | 川端 勉 著 |

定価は本体価格+税です。
定価は変更されることがありますのでご了承下さい。

||||||||| 図書目録進呈◆